能量为王

正负能量大揭秘

陈　放　朱梅品·著

中国财富出版社

图书在版编目（CIP）数据

能量为王：正负能量大揭秘／陈放，朱梅品著. —北京：中国财富出版社，2015. 3

ISBN 978－7－5047－5553－7

Ⅰ. ①能…　Ⅱ. ①陈…　②朱…　Ⅲ. ①成功心理—通俗读物　Ⅳ. ①B848. 4－49

中国版本图书馆 CIP 数据核字（2015）第 024802 号

策划编辑	丰　虹	**责任印制**	方朋远
责任编辑	丰　虹	**责任校对**	梁　凡

出版发行	中国财富出版社		
社　　址	北京市丰台区南四环西路 188 号 5 区 20 楼	**邮政编码**	100070
电　　话	010－52227568（发行部）		010－52227588 转 307（总编室）
	010－68589540（读者服务部）		010－52227588 转 305（质检部）
网　　址	http：//www. cfpress. com. cn		
经　　销	新华书店		
印　　刷	北京京都六环印刷厂		
书　　号	ISBN 978－7－5047－5553－7/B・0426		
开　　本	710mm×1000mm　1/16	**版　　次**	2015 年 3 月第 1 版
印　　张	15	**印　　次**	2015 年 3 月第 1 次印刷
字　　数	230 千字	**定　　价**	35. 00 元

前　言

能量革命前夜

“能量”，是时下的热词；“释放你最大的正能量，胜者为王”，是时下人们普遍认同的观点，以至于这个时代也被称为“能量为王”的时代。这是因为，能量守恒定律是自然界最普遍、最重要的基本定律之一。大自然的能量既不会凭空产生，也不会凭空消灭，它只能从一种形式转化为其他形式，或者从一个物体转移到另一个物体，在转化或转移的过程中，能量的总量不变。这就是能量守恒定律。然而，“人”的出现及其创造的“智能”的进化，使“智能”出现了前所未有的能量新形态——一部智能手机可以对话、做生意、聊天、贷款、播电影等。这是同等重量的石头所无法比拟的，可以说“能量”科学遇到了前所未有的巨大挑战。

事实上，世界上有形形色色的能量，而我们的内心也充斥着与生俱来的能量。健康、积极、乐观的人带有正能量，和这样的人交往能将正能量传递给你，令你感染到那种快乐向上的感觉，让你觉得“活着是一件很值得、很舒服、很有趣的事情”；而悲观、体弱、绝望的人恰好相反。那么，在这个“能量为王”的时代，我们怎样对待自己的能量呢？这就是本书所要讨论的问题。

本书分为十三章，通过对“发现新能量”“认识正能量”“聚集正能量”“认识负能量”“规避负能量”“能量的美丑”“能量的转换”“能量的传播”“能量与人生”“能量与健康”“能量与人际”“能量与企业”“能量与网络”等内容的阐述，全面而深入地诠释了“能量”这个热词的全部内涵和外延，解决了当前很多人对这一问题的困惑，指出了如何挖掘和发扬正能量、抑制和转化负能量的途径、方法和技巧，揭示了能量在社会各个领域产生影响的奥秘所在。

《能量为王》一书要告诉你的是：能量可以分阴阳、善恶、丑美、刚柔、真伪、动静、正负、黑白等，还可以复制、拷贝、共享、转化、反应等。其中特别提到了正能量及正负能量的转化等。正能量其实一直都在我们心底，挖掘它还要靠我们自己，要发扬正能量，抑制负能量；同时，正能量并不一定只留给自己，也可以成为正能量传递的源泉，可以让社会共享、拷贝、复制等。另外，随着大数据、云计算、物联网的深入普及，带有技术智能的“能量”会越来越具有发展前景。

有正能量的生活，会给你的人生带来改观；有正能量的人生，就是成功的人生！

作　者

2014 年 12 月

目 录

第一章

发现新能量

近来媒体、机构都在爆炒“正能量”，各种书籍、文章、口号此起彼伏……那么“正能量”是客观存在的吗？除正能量以外还有其他能量吗？“正能量”与物理学意义上的“能量”又有什么关系？笔者研究广义能量已20年，忍不住百忙中撰文，为书友一快。

旧能量科学的盲区

自从 18 世纪人类发现能量守恒定律以来，煤炭、电力、石油的应用，特别是爱因斯坦开启原子核能的应用后，人类对能量的开发应用几乎到了登峰造极的地步。目前除核能外，人类转向了太阳能、风能、海洋能、地热能等方面应用的研究，能量科学、能量的基础理论研究反而突然停滞了，似乎到了“核能”就是能量研究的极限。

实际上物质世界有很多很多层次，有些层次像黑洞、白洞、夸克、平行宇宙、时空隧道、暗物质、暗能量的能量机理，我们还远未认识；另外，对生命层次的细胞、生物、植物、动物、人类社会、有机界等自组织系统的能量机理等，更是无人问津。我们以前的科学，一直把有机界的生命运动、人类社会的精神运动、生物界的信息运动从“能量”上归结到狭义的僵死的物质能量运动。殊不知，有机界、生物界、人类社会等一切自组织系统，广泛存在一种新的“能量运动”，这是不同于电能、热能、化学能等物质能量的运动，而是囊括意识、智慧、精神、人理、信息、文化、知识、软件、生命等诸多方面的完全崭新的新能量运动。因此，这里将主要涉及信息、意识、精神、心理、文化、软件、有机自组织信息的能量定义为广义能量，也将它称为意能、智能、软能。

人体的能量场

关于能量场，每一个人都具有，它其实就是中医上所说的人的“正气”，这一能量场可以产生一种作用力——既时刻环绕在人体的周围，起着维护身体健康的作用，又能根据不同的事情对外产生不同的作用力。静时保护自身，动时向外产生能量，也就是中医所讲的“正气内存，邪不可干”。

人的意识就是一种无形的能量，也可以称为意念力。这种能量通过人的意识发射在空间之中，形成强度不同的能量波，它可以影响和改变事物的存在形态和发展方向，也可以直接使事物产生改变。只不过此能量的大小因人而异，意念力强的人，可以改变物体的存在方式，可以影响别人的意识，控制别人的思想。许多看上去是人为因素决定的结果，实际上是必然的规律。比如，如果一个人作恶多端，但又势力强大，纵然恨之入骨，但又无可奈何。因此，只有保证身体健康，也就是保持自己的正气，就不会受到外来诅咒力的伤害。当然，人不会永远保持能量不衰退，生老病死是自然规律，任何人都不可能违背这个规律。所以，做什么事都不能违背自然规律，也就是违背“势”，不然就是自取灭亡。

人的能量场在对外产生作用时，与力的原理是一样的，分则弱，合则强。由于人每产生一念，无不取决于心，心是产生欲望的器官，所以，人所具备的这一能量场可以说是由心来控制的，心的欲求越多，此能量场也就越分散，对外产生的作用力也就越小，同时用于保护自身的力也就越弱。反之，如果心的欲求越少，此能量场的凝聚力就越强，对外产生的能量也就越大，而用于保护自身的能量也就越大。所以说，人在无私无欲、清净淡泊的情况下，即佛门禅宗中所说的禅的境界，能量场是最强的，抵御外来侵害的能量也是最强的。

人的天性是懒的，如果让这个人性弱点不断放大，你会潜意识地对一切事情都找出借口说他们不行，因为这样你就可以什么都不做，找借口的人都是充满负能量的，因为他不只给自己找理由不做，对他人也会产生负面影响，所以天性懒惰变成负能量的源泉。因此，你想拥有正能量，首先就得让自己动起来。

人体的能量场会随着后天不断产生的欲望而减弱，所以减少欲望，保

持心态的平和，多做一些善事能增加这一能量场，可以说德行是人体能量场的源泉，也可以是所谓的正能量。而人的意念越专一，这个能量的力量就越大，这就是人们所谓的“心诚则灵”。

人类自生下来便是一个不断消耗能量的过程，如果不去人为地加以控制，人的这一能量场就只会减弱而不会增强，所以说，胡思乱想的人最耗神，也就是耗气血，耗能量。患得患失的心态对养生不利，所以心静养神，保持心里的平静就是恢复自身气血、能量的最好办法。

人的能量是一定的，所以，无论要做什么事情，你将要付出多大的代价应该是每个人都必须慎重的。你要发财，要升官，还是要健康，你必须权衡利弊，做出选择。为什么有的人升官发财后身体就突然不行了，就是因为他长时间殚精竭虑把自己的内在能量消耗殆尽而自己却无从察觉的缘故。恐惧、焦虑、忧愁、灰心等都会在短时间内极大地消耗自己的能量，所以我们要尽量避免这些不愉快的心情。

每种“负面”情绪都可变成一股原动力，推动当事人做出行动。这种推动力或者是指出了一个方向，也可能是给予一份力量，有些时候甚至是两者兼备。职场中人所拥有的各种情绪当中，每一种皆有正面意义。因此所谓“负面”情绪也许不是那么令人讨厌。事实上，它们都可起到重要的作用，别忘了情绪本身就是一种动力，那么就会有很多深受其害的人在潜意识里希望该人遭到报应，这时这些人就会共同向空间发射一种能量，并形成一种合力，以能量波的形式存在于空间之中。人自身的能量场有强期和弱期，一旦该人保护自身的能量场处在弱期，那么存在于空间的能量波就会直接对该人进行攻击，这种能量可以借助任何形式发生作用，如大病一场。

民间一直流传着这样的俗语：为人莫做亏心事，举头三尺有神明。以此来告诫人们，不要想也不要去做坏事，否则，就会遭到神明的惩罚。为什么会这样呢？那就是一个人无论做什么事，都会向外发出一种信息，那就是做了这一件事的信息，无论好事或是坏事。

这一信息会一直存在于空间之中，只要你做了坏事，你所发出的信息就会带着你独有的烙印而存在于空间之中，而受害方也同样会发出信息进行寻找，一旦找到，剩下的就是能量的较量了。被人知道的人和事，受害方就会千方百计地与你为敌，从而进行报复。而不被人知的人和事，就会由人的能量场所发出的意念之力在空间进行较量。所以，不要以为你所做的事别人不知道，一旦遭到报应，泄密的就是你自己发出的信息。

态度乐观、积极、向上的人，充满热心、希望与信念。这样的人就像是一个正能量磁场或一种气流，可以补充或改造四周较弱的负能量磁场。正能量还能吸引并增强小的正能量磁场，在遇到较强的负能量时，往往能起到中和的作用，使之消极的影响力消退。以原则为核心的人有时只是远离有害的氛围，智慧使他们能够预感负能量的强度，掌握处事时的幽默感和时机。

了解你自身的能量，知道你是如何散发并引导这股能量的。当你陷身困惑、争执或消极能量之中时，你应当尽力做个和事老，尝试解脱或改变破坏性的能量。当积极的能量与下一个特质结合时，你会发现它具有一种自我完成的预见性。

新能量的特征

我们把有别于狭义物质运动电能、化学能、热能、核能等能量之外，自组织界、有机界、生命界、人类社会的一切包括信息、语言、色彩、形象、知识、智慧、意识、精神、文化、心理等具有新的能量定义为广义新能量。

显然，根据物质与意识的二元性，对应于物质世界的物能，我们把意识世界、信息世界具有的能量称为意能、信息能；根据自组织理论，一切涉及自组织、自适应、自搜索、自学习、自繁殖运动精神层面的能量称为智能；把物质及物质场所显示的能量称为硬能或狭义能量，而把除此之外

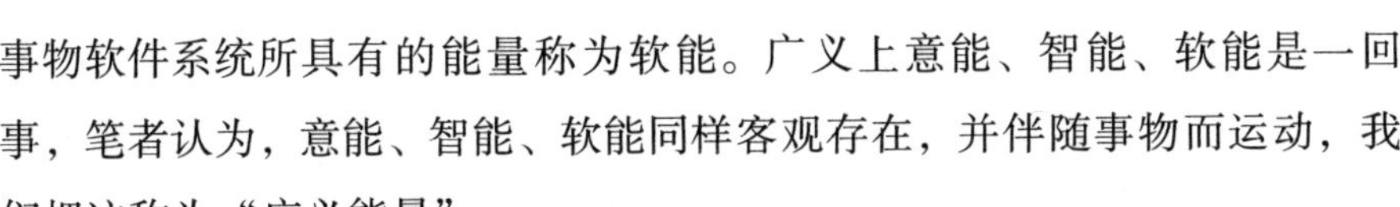
事物软件系统所具有的能量称为软能。广义上意能、智能、软能是一回事，笔者认为，意能、智能、软能同样客观存在，并伴随事物而运动，我们把这称为“广义能量”。

那么，这种广义能量——意能、智能、软能又有什么特征呢？根据笔者20多年前《智能原子弹》一书的论述及20年的思考，阐述如下：

（1）客观存在性

就像客观物质具有能量一样，信息世界、意识世界，特别是自组织有序世界同样具有客观存在的能量形式，并且有别于狭义能量，具有完全不一样的运动及存在方式，即广义能量。客观能量也是客观存在的，但它具有自己特殊的存在方式与运动规律。

（2）矢量性

传统物种是标量，其能量是方向、性质，不随作用客体而变化，但意能、软能是矢量，有方向、正负、好坏之分。

（3）主客相对性

传统物能是客观的、绝对的，但意能、智能却是主观的、相对的，不同主体的客体，其表现、显示的能量大小、属性、性质都是不一样的。

（4）系统性

关于传统物能，我们可以将其分解到一个几乎孤立的质能单元、能量单元，然而意能、智能、软能则必须借助于物质而存在，借助于作用客体或相对于客体的主体的意能才能显现。其系统化程度较高。

（5）不守恒性

传统物能严格遵守能量守恒定律，服从爱因斯坦质能互换定律，而意能是不守恒的，是完全不同于物能的另一类“能量”，它可以放大与缩小，可以拷贝、复制、共享。

（6）功能属性的不确定性

传统的物种没有善恶、正负、阴阳、正邪、好坏及丑美、刚柔之分，但由于意能主客体的千差万别，事物的千姿百态，意能、软能、智能也可以分为正负、好坏、善恶、刚柔、阴阳、真伪、丑美、进化退化、匹配、互补、同类异类等，这为我们在实践中鉴别、使用、应用这种新能量提供了钥匙。比如，中国历史上岳飞“精忠报国”的爱国主义对汉人为正能量，对女真族则为负能量；相反，金兀术对女真族为正能量，对汉人则为负能量。再如，邓小平倡导的改革开放正能量对中国经济几十年的发展亦是“正能量效应”的例证，而像林妹妹与贾宝玉、梁山伯与祝英台为爱情而消沉，则是情能为负能量的例证。

（7）生克变化

意能是活的、变化的、运动的，意能之间、意能的各元素、意能与物质、意能与事物间，这许多元素间可以互相相生、相克、互补、匹配、吸引、排斥、向前、向后，形成动力或阻力，通过分解、重组等起各种各样的生克变化的作用。

此外，根据意能的不同主体、客体、业态、状态还可以分为心理能、信息能、文化能、形象能、意志能、政职能、军事能、经济能、外文能、国家能、民族能、智慧能、创意能、权力能、资金能、产业能、广告能、市场能、品牌能、技能等无数种不同的形式，这要看是自然界还是社会界，无机界还是有机界。

新能量性质、属性、功能的划分，为我们研究新能量运动，如何有效地使用新能量为社会服务提供了前提。有机运用意能，对掌握事物演化的规律，树立正向的社会文化，特别是在改造社会、建设社会的实践中有重大的意义。

前些年国际上推广的成功学，卡内基的成功学，美国《秘密》一书中的吸引力法则等，都是强调弘扬正能量的。尤其是国家主席习近平强调“正能量”后，中国大地上掀起了一股正能量热潮。目前社会上流行的婚介所则是阴阳能量交流的平台，因为男士一般为阳性能量，女士一般为阴性能量，任何家庭、社会组织、阴阳能量会在一起，阴阳平衡方能有生命力、幸福感、快乐感。许多企业家会所、俱乐部则是商业能量互补的平台，产能、企能互补方缔造出巨大的商机。

意能的基本原理

意能，即智能，它是与物能完全不同性质的一种能量，根据意能的特征及笔者多年的观察，视为一种广义能量。意能有以下一些基本原理：

（1）相对性定律

即意能的大小、正负，不但取决于能量主体，而且取决于接收及被作用的客体，同样的主体意能不同的客体，意能作用强度、大小、频率、性质有时会完全不一样。

（2）不守恒定律

意能可以复制、拷贝、共享，复制的多少原则上不影响意能本身的能值，另外它还可以放大、缩小、传播传输、交换、交变。

（3）意能自组织导向定律

意能是矢量，有方向，它能根据能值的大小，影响客体的运动方向，特别情况定能产生吸引力或排斥力、导向力、凝聚力重组物质及事物，甚或是决定物质的方向、进程、结果。尤其意识性、政策性、指令性、命令性、精神性意能，往往能驾驭事物的演化，产生新的事物。可以说意能、智能之能，有组织、影响、重组、凝聚驾驭事物进化的功效。这亦是意能的伟大之处。

（4）交变反应定律

意能与物质之间，意能与事物之间，意能与意能之间不但能交换、传输，而且能引起各种形式的交变能量反应，如吸引、排斥，前进、后退，相生、相克，重组、分组，匹配、互补……排列组合，有时能产生新的物质，如建筑、景观（当然期间伴随物质的反应、重组），也会产生新的事物，更能产生新的信息、知识、意识、精神、文化、城市、主题公园、房屋、宗教、语言、组织企业、小说诗歌、影视作品、商业模式及效益……莫不如此。

意能与智能产业

进入现代社会，由于文化的发达，特别是由于现代传播技术及电脑的应用，信息技术的普及，致使人类的意识科学在几十年里比以前几千年的总和还要多。尽管很少有人从能量科学角度研究现代文化、现代社会，但是从现代电脑的智能技术，互联网技术，现代通信技术，广播、电影、动漫技术看，已经使意识科学大踏步前进了。

当然，由于“能量”的基础性，如果我们能从“新能量”运动方面开辟一个新的角度，就会发现，无论对意识科学、智能科学、信息科学，还是对国民经济、企业经营、文化创意的各部门的实践都会产生重大的影响。在这方面，有许多重大的课题值得研究。

一是在意能理论与技术方面的研究，包括这样一些内容：意能的认识，识别；意能的采集、过滤；意能的加工、传输；意能产品的整合、包装、制造；意能的复制、共享技术；意能的交变反应；意能的防控、控制、监控；意能的物化、产品、品牌；特别的意能，产能、才能、技能、权能、心能、正能、负能、市能；项目意能的植入、融合、设计、配套，等等。

上述许多前沿课题涉及精神学、传媒学、动漫科学、传媒技术、通信科学、心理学、互联网、设计学、自组织科学、物联网、云计算等。

20 世纪最大的事件可以说是核能的利用与电脑的使用，那么，21 世纪、22 世纪最大的前景则是意识科学、意能、信息能、生命能、自组织能的有机加工与运用。

二是在智能产业方面的研究，包括这样一些内容：智能建筑与住宅；智能通信与控制；智能机器人；智能武器与军事；智能艺术；智能医疗与养生；智能航天；智能城市，智慧城市；智能农业；智能安全；智能交通；智能环保，等等。

三是在意能社会与意能产业方面的研究，包括这样一些内容：国家意志正能量；社会风气与正能量的塑造及弘扬；打击歪风邪气及贪污腐化负能量；青少年心理正能量植入与辅导；军队战士正能量教育；体育运动员正能量应用；企业品牌正能量的系统设计与传播；文化建设正能量；生态环境正能量；城镇乡村特色正能量构建；企业正能量布局与建设；企业市场营销负能量排除；现代意能传媒业；现代互联网意能交变与管理；移动互联网正负意能的管理；家庭成员意能管理；现代金融意能的管理；现代企业一产能的布局引导；国际新秩序意能正能量的弘扬；负能的消除与转化；人生意能的建设与管理；组织意能的有机经营；政策权利意能的有效运用；人力资源与技能经营；心能管理与人体保健养生；国家正能量的国际传播；古代文明意能的有效开发，等等。

意能的管理原则

意识、意能、智能、信息、文化等作为宇宙的一种客观存在（特别是各自组织现象，各有其对方的文化），事物的运动必定伴随物能、意能的运动。那么，我们在改造事物、驾驭事物的社会实践中，如何运用意能、智能，开发、管理、经营意能、智能、正能、负能呢？又有什么原则可循呢？

（1）交换及共享原则

意能也是一种客观的存在，意能与意能、意能与物能、意能的元素间、意能存在的事物间、其能量能互相交换，有时可以复制、拷贝、共享。相反，物能可以交换，但有限物能无法无限复制与共享，更无法拷贝再生。

中外文化交流，中国功夫、熊猫文化的输出，美国科幻片、视觉片的输入，阿凡达、米老鼠、唐老鸭的形象，麦当劳、肯德基快餐文化进入中国，都符合交换及共享原则。此外，2008 年奥运会这一巨大意能进入中国，让中国更加了解了世界走向世界，也带来了中国巨大的变化，中国人民共享了奥运文化，国际奥委会品牌也更加光辉，意能大增，这是很好的双赢案例。改革开放后，许多中国青年出国留学，既带去了中国的文化，也学来了人家的知识、技术、经验，而留学主要是意能的交流、提高，是留学生智能、信息能、技能的增长。

（2）放大缩小原则

在事物演化过程中，会碰到各种各样的意能，有利于进化的可以放大，不利于进化甚或是阻力的，应该让其缩小，因此，放大与缩小意能是常常进行的事。

（3）生克制化原则

意能之间、意能的元素之间，事物之间、事物内部的各种元素之间，各种意能是指相生相克、互相变化、反应而平衡的。没有绝对的正能，也没有绝对的负能，今天是正能，可能时过境迁未来会成为负能。有时正能与正能反应并不一定变正能，正能与负能相遇反而相生巨大的新意能。因此，生克制化是意能运动的核心原则之一。中国哲学把宇宙分为金木水火土五种元素，相生相克就是此写照。

（4）吸引力与排斥力

万物之间有引力，每个意能之间也有朝向自己有利进化的引力，然而这由于意能的千差万别，属性无限，引力的另一面就是斥力。由此，事物运动中吸引与排斥是同时存在即共生的。一个事物要发展，必须要吸引有利于自己的各种能量，但任何事物都会碰到竞争对手，都会遇到内部的阻力、衰退、毒素、正熵，因此，吸引与排斥是不可或缺的原则。

光有吸引力，光凝聚物质不隔离，不排斥，世界就不可能发展，就像人体在吸收食物、知识及信息，也要学会过滤、加工、排泄、排毒、排斥，这样人体、事业才是健康的，事业才能成功。

（5）分解重组原则

食物每时每刻都在变化，意能、信息同样每时每刻都在分解、排列、组合、重组；不但食物意能的不同元素间，食物与食物、意能与意能、文化与文化、信息与信息、知识与知识间等，都在不断地发生分解、排列、组会、重组，以及多少、新旧、正负、阴阳，各种意能的状态变化随时在发生。因此，我们在实践中要会运用分解之器，排列之器，重组之刀。

（6）动力与阻力原则

每个意能单元一旦形成自组织核心，由自组织的意识主导，马上会产生强大的进化动力，重组事物、物能意能的吸引力；相反，由于环境的摩阻力，事物演化内部的腐败力，竞争对手的打击力，以及废能、进能、阻能、退能等也是孪生姐妹，阻力也与时俱在，因此，实践中要巧用动力，避开阻力，排泄腐败力，克服摩擦力等，才能使事物有机发展。

（7）辩证转化原则

任何正能负能，阴能阳能，善能恶能，美能丑能，动能阻能，吸引与排斥，分解与重组，动力与阻力，放大与缩小，相生与相克，平衡与非平衡等可能都是暂时的。由于客观事物变化的绝对性，意能本身的相对性，辩证转化，辩证变化是我们作为客观世界高级动物的人类必须要掌握的原则。只有辩证转化，有机调控系统交化即交换、交流、反应交化，方能高效利用意能为社会服务。

（8）有机权变原则

客观世界千姿万态，万物意能各种各样，事物演化多种多样，尤其在人类进入世界一体化、信息化、智慧地球的当口，活用信息，活用意能，巧用智能，活用智能，权变制化，相克相生，灵活有机，主题定位，顶层设计，系统策划，灵巧运筹等，就能在意识的海洋中，事物之争的自组织中，无往而不胜。

万物皆是工具，宇宙就是舞台，每个人都是演员也是导演，人生、事物就是一场不可逆转的电视连续剧。每个人、每件事，既是意能的制造中心，也是调控转化、吸引排斥、交变生化的中心。“天机云锦用在我，剪裁妙处非刀尺”，意能的有机活用，靠我们去感悟、去体验、去实践、去学习、去总结。

(9) 万物有意，意能有慧原则

以前我们认为物质就是物质，它不会有意识、精神、信息，它是僵化的、孤立的、绝对的，现代物理学、生物学、生命科学，特别是系统科学、自组织科学证明，实际上我们这个宇宙就是一个庞大的“自组织生命体”，从天上的彩云到地上的流水，到太阳系、银河系都有自组织现象。有自组织现象，必有相应的自组织意识及自组织信息的交换、反应。因此，我们认为客观世界既是物质的也是意识的。

物质有无限层次，意识也有无限层次，多种多样。而意能最大的特点是其有方向性、导向性、相对性、功能性、智慧性，它可以自学习、自搜索、自适应、自调控、自排泄、自繁殖，也可以有意地变成正力、负力、吸引、排斥、组合、分解、动力、阻力、加能、减能；既可以重组世界、建设世界，也可以拆散世界、破坏世界。

意能的导向性、自主性、意识性，以及智慧性、功能性，使其与电能、热能、运动规律完全不一样。这一方面要求我们在运用意能、智能时，特别要注意其无时不在的意识性、交变性、智慧性、不定性；另一方面也为我们改变事物提供了强大的方法论工具，为我们适应世界、创造世界呈现了巨大的意想不到的、以小博大的发展可能性及无限的发展空间与维度。可以这么说，如果能活用意能、智能，巧妙重组事物，运用物能，那么，在人、财、物方面，什么样的人间奇迹都可以创造出来。许多国家、政党的壮大，许多公司奇迹般的发展，从狭义能量看几乎不可能，但是由于经营方略，人财物巧妙组合，智慧上出奇制胜，创造了无数意想不到的发展奇迹。

这是意能、智能的伟大，同时也是信息智慧的伟大！

第二章

认识正能量

正能量，是指客观世界中对事物、企业、国家、人生发展有利于进步的正面、正向广义能量。由于意能的不守恒性、相对性、放大性、导向性，认识、开发、运用正能量，对人生、企业、国家都具有十分重要的意义。离开了正能量的驾驭，企业就不会发展，国家也不会进步。

具有积极力量的正能量

“正能量”本是物理学名词，出自英国物理学家狄拉克的量子电动力学理论：伴随着与一个变量有关的自由度的负能量，总是被伴随着另一个纵向自由度的正能量所补偿，所以负能量在实际上从不表现出来。

“正能量”一词的流行，源于英国心理学家理查德·怀斯曼的专著《正能量》一书，其中将人体比作一个能量场，通过激发内在潜能，可以使人表现出一个新的自我，从而更加自信、更加充满活力。

“正能量”是在2012年经常被引用的一个词。起初，在奥运火炬传递期间，很多博主在微博上发表“点燃正能量，引爆小宇宙”和“点燃正能量，运气挡不住”的博文，之后这两句迅速被网友跟进和模仿，成了时下网络最热门的句子。后来，网友把点燃正能量的励志口号与伦敦火炬传递结合起来，伦敦奥运火炬成了正能量的代言物，“正能量”一词也借此在中国走红。

正能量，是一种积极的、健康的、催人奋进的、给人力量的、充满希望的能量。正能量既可以是一种处事或处世的心态，亦可以是处事或处世的方法。只要是为着好的结果、好的方向，有益于公众、集体利益的行为，都是充满正能量的行为。

人在生活中不顺、脆弱无力的时候往往祈求上苍赐予自己力量，政府面对媒体的舆论压力希望尽快摆脱阴暗面，公司为了让员工工作得更加有效率，这个时候喊上一句“正能量”，前进的道路上必定增加许多的动力。正能量传递的是一种积极的心态，让不良情绪释放干净。

宇宙具有正能量，这个正能量是宇宙特性下的制约力，如果背离宇宙特性，就会体会到它的制约作用。社会的发展也是这样，不符合这个宇宙的特性就会受到相应的制约，表现为如各种灾害的出现，甚至可能伤及人类。

运用正能量的积极意义

任何事物的运动都是能量的运动，任何企业的成功都是能量管理的成功。我们每个人天天同无数的正能、负能、善能、坏能、阴能、阳能等打交道，学会运用正能量尤其重要。

有人说："要爱人生，这样人生也会爱你。"无论是面对家庭，还是事业，或是朋友，抑或整个世界，只要你心中充满着爱这种正能量，以积极乐观的心态、自信和勇气、坚定不移的信念去投入人生，那么，你的人生就会如你所愿，变得光彩而满足。

积极心态的人更懂得"今天"的无穷价值。"今天"，这一天充满了机遇、喜悦、趣味和成功。我们每个人都有无数的"今天"，但这些"今天"都过得如何呢？是否虚度了时光？或在懒散中荒废了时间？或在哀怨中葬送了美好的青春？假如我们以积极乐观的心态度过每一天，全心全意地投入每一天，切实把握好每一天，那么，每一个"今天"都将充满活力和喜悦。

消极的思想只能将人们推向更可怕的深渊，相反，一个拥有健康积极心态的人，即使遭遇到挫折，也会坦然面对、从容度过。要成为一个积极心态的人，就要时刻相信自己，保持良好的乐观主义，将"困难"化为"智慧"的处方。要相信没有什么是解决不了的，你一定会成功的！因为当上帝在关上一扇门的同时，一定也会向你敞开另一扇窗。只要你有必胜的信心和坚定的信念，那么，你终将在逆境中崛起，获得新的转机。风雨过后，必是晴空万里。

我们来看看下面这个故事：

有4个营销员接到任务，到庙里找和尚推销梳子。

第一个营销员空手而回，说到了庙里，和尚说没头发不需要梳子，所以一把都没卖掉。

第二个营销员回来了，销售了十多把。他介绍经验说："我告诉和尚，头皮要经常梳梳，不仅止痒，还可以活络血脉，有益健康。念经累了，梳梳头，头脑清醒。这样就卖掉一部分梳子。"

第三个营销员回来，销了百十把。他说："我到庙里去，跟老和尚讲，你看这些香客多虔诚呀，在那里烧香磕头，磕了几个头起来头发就乱了，香灰也落在他们头上。你在每个庙堂的前面放一些梳子，他们磕完头、烧完香可以梳梳头，会感到这个庙关心香客，下次还会再来。这一来就卖掉了百十把。"

第四个营销员回来说，他销掉了好几千把，而且还有订货。他说："我到庙里跟老和尚说，庙里经常接受客人的捐赠，得有回报给人家，买梳子送给他们是最便宜的礼品。你在梳子上写上庙的名字，再写上3个字——'积善梳'，说可以保佑对方，这可以作为礼品储备在那里，谁来了就送，保证庙里香火更旺。这一下就销掉了好几千把梳子。"

如果不转变观念，要把梳子卖给和尚，简直是天方夜谭。第四个营销员正是转变了推销的方法，便从不可能的商机中，开发出了潜在的广阔市场。如果每个人都像他一样换一种思维方式看问题，在思想和观念上有所突破和创新，不要墨守成规，我们又何尝不能把企业的各项工作搞好呢！

积极思维的人会选择语言。他们不会使用妨碍自己成长的消极语言，如"不行、做不到、不可能"等，他们会从自己的脑海中把这些语言完全清除出去。因为他们懂得这种语言只能引发失败，而只有激励肯定的话语才会带来无穷的力量，变为成功的"催化剂"。

有这样一个极其深刻的例子：

某一个集团的一位投资人购买了一小块地，他说要把这块地作为“墓地”。他用围墙围了一片地，在里面放了3个小墓碑。他要求集团的所有成员在举行葬礼的时间集合，参加他为墓碑举行的揭幕仪式。只见第一个墓碑上刻着“不行”，第二个墓碑上刻着“做不到”，第三个墓碑上刻着“不可能”。他镇定自若地说：“把可能使我们事业失败的语言埋葬在这里，静静地埋在这里吧！”他的话语深深地刻入每个人的心里。这个集团后来创造了令人瞩目的业绩。

这个例子有着十分深远的意义。例如，作为一名特教工作者，面对智障孩子，有时难免也会说一些消极的话语，如“你不行”“你真笨”等。这些“浇冷水”的语言会给孩子带来负面的影响。因此，必须将这些消极否定的语言统统埋葬，以激励、赞许、肯定的话语来对待每个特殊孩子，给他们信心和勇气。

释放内心爱的能量

一花一世界，一叶一菩提。

每个人的心中都有爱，并且充满了爱，爱是一种精神，更是一种品格。它可以为人们消除误解，它可以为百忙之中的人们消减重负，它是医治心灵创伤最好的良药，同时它还能够令整个世界为之融化。

有一位哲人曾经说过：世间并不缺少美，而是缺少发现美的眼睛。

生活中也如此。当一个满脸乌黑、一脸疤痕的女孩走到你的身边，第一反应就是：怎么有这么丑的人，其实当你细心打量她你会发现，她的笑容很灿烂，看起来很美，当你和她相处一段时间后，你又会发现她有颗很善良的心。

一天，小朱去拜访一位客户，但是很可惜，他们没有达成协议。

小朱很苦恼，回来后把事情的经过告诉了经理。经理耐心地听完了小朱的讲述，沉默了一会儿说：“你不妨再去一次，但要调整好自己的心态，要时刻记住运用微笑，用你的微笑打动对方，这样他就能看出你的诚意。”小朱试着去做了，他表现得很快乐、很真诚，微笑一直洋溢在他的脸上。结果对方也被小朱感染了，他们愉快地签订了协议。

小朱结婚已经8年了，每天早上起来都要去上班。忙碌的生活让他顾不上自己心爱的太太，他也很少对妻子微笑。小朱决定试一试，看看微笑会给他们的婚姻带来什么不同。第二天早上，小朱梳头照镜子时，就对着镜子微笑起来，他脸上的愁容一扫而空。当他坐下来开始吃早餐的时候，他微笑着跟太太打招呼。太太惊愕不已，非常兴奋。在这两周的时间里，小朱感受到的幸福比过去两年还要多。

现在，小朱上班时，就对大楼门口的电梯管理员微笑；微笑着跟大楼门口的警卫打招呼；站在交易所时，对工作人员微笑。小朱很快就发现别人同时也对他微笑。一段时间之后，他发现微笑带给他更多的收入。小朱现在经常真诚地赞美他人，停止谈论自己的需要和烦恼。他试着从别人的观点看事情。这一切真的改变了他的生活，使他收获了更多的快乐和友谊。

事实证明，调整好自己的心态，要时刻记住运用微笑，用你的微笑打动对方，这样他就能看出你的诚意。微笑可以带来温馨、友谊，也可以带来幸福。

在我们的生命旅途中，每个人都渴望能活出属于自己的那份精彩，但大多数人却总是会被这样或那样的困境所牵绊。这时我们就需要正确运用这份爱的力量，只要你懂得运用和发挥爱的力量的作用，就很容易接近成功和任何你想要的结果。每个人的命运决定于我们自己，要改变自己的人生，就要通过美好的思想和感觉付出爱。让自己处在充满热情、快乐、幸福的频率上，相信爱的力量可以改变人生。这世上最强大的人是我们自己，我们需要做的是和这最伟大的力量合二为一。

让爱的力量为自己做事，用宽容代替苛责，用理解代替误会，以一颗感恩的心去面对世界，多想想别人的优点和对自己的帮助。心能、意识能、爱能是一种非常重要的正能量，从心出发，从爱出发，那么人生、企业一开始就会走上正向发展的轨道，更能使企业发达，人生辉煌。

每天清晨，保持一颗快乐的心情，多想一些你喜欢、想要的事物，一整天都带着美好的感觉。不只改变当天，也能改变明天、改变你的人生。如此持续下去，你的人生就会越来越美好，就能赢得“本该就拥有的精彩人生”。

人生平衡与能量恒定

优美的旋律，无论中间怎样跌宕起伏，总是要回到定下的基调；翱翔蓝天的雄鹰，无论飞得再怎么高，总是保持着矫健的身姿；航行大海的帆船，无论撞上多么汹涌的浪头，总是坚定地冲向远方。人生也是这样，在不断前进中，不断寻找自己的平衡点。这就是能量的恒定性。一个人对一生的平衡点的把握，意味着他对能量恒定性的把握。

人生的平衡点是一个人的理想。有了理想，人们才会在重重困难面前不改自己的前进方向；有了理想，人们才会做到“泰山崩于眼前而不惊”，保持自己的本色。司马迁虽遭奇耻大辱，仍奋笔写下被鲁迅先生称为“史家之绝唱”的《史记》；霍金虽只能活动在轮椅上，但他的思维早已飞到宇宙尽头。

如果他们没有一个坚定的理想，又如何能够做到在困境面前坚守自己的信念？如果他们没有一个远大的理想，又如何能够在重重打击之下挺直自己的脊梁？如果他们没有一个崇高的理想，又如何能够在残酷的现实中找到属于自己的天地？没有理想，他们的人生可能无法平衡，更别谈取得成功了。

1960年，哈佛大学的罗森塔尔博士曾在加州一所学校做过一个著名的实验。

新学年开始时，罗森塔尔博士让校长把3位教师叫进办公室，对他们说："根据你们过去的教学表现，你们是本校最优秀的老师。因此，我们特意挑选了100名全校最聪明的学生组成3个班让你们教。这些学生的智商比其他孩子都高，希望你们能让他们取得更好的成绩。"

3位老师都高兴地表示一定尽力。校长又叮嘱他们，对待这些孩子，要像平常一样，不要让孩子或孩子的家长知道他们是被特意挑选出来的。老师们都答应了。

一年之后，这3个班的学生学习成绩果然排在整个学区的前列。这时，校长告诉了老师们真相："这些学生并不是刻意选出的最优秀的学生，只不过是随机抽调的最普通的学生。"

老师们没想到会是这样，都认为自己的教学水平确实高。这时校长又告诉了他们另一个真相，那就是，他们也不是被特意挑选出的全校最优秀的教师，也不过是随机抽调的普通老师罢了。

这个结果正如博士所料：这3位教师都认为自己是最优秀的，并且学生又都是高智商的，因此对教学工作充满了信心，工作自然非常卖力，结果肯定非常好了。

在做任何事情以前，如果能够充分肯定自我，就等于已经成功了一半。当你面对挑战时，不妨告诉自己，你就是最优秀的和最聪明的，那么结果肯定是另一种模样。

人生的平衡点在于一个人的奋斗，有了理想，而不去奋斗，那理想只能是一种空想，从另一方面说，他也就失去了平衡。许多学子高呼要上各种名牌高校，却整天懒于拼搏；林书豪胸怀NBA巨星之梦，不断地努力练习，终于取得了成功；马云渴望成为世界巨头，不断地开拓市场，终于他也成功了。

假如林书豪与马云只是将梦想放于口中，恐怕他们也会像那些庸庸学子一样碌碌一生；假如他们只是成天做着美梦，恐怕他们早已被残酷的社会所淘汰；假如他们只是人们口中的“狂人”，恐怕他们永远也不会成为行动上的“巨人”。不断的奋斗，让他们的平衡点不断提高。站得越高，离理想也就越近。此时，你无须担心会丧失平衡，因为在你的脚下，是用奋斗不断夯实的平衡点。

人生的平衡点在于一个人的坚持。如果只是三分钟热度，理想同样无从谈起。贝加尔湖边，十几年的牧羊生活，苏武找到了人格的平衡点；迢迢丝绸之路，阵阵驼铃，张骞找到了民族的平衡点；哥本哈根会议，声声讨论，各国总统找到了自然界的平衡点。

正因为苏武的坚持，中华民族脊梁上烙下了他的名字；正因为张骞的坚持，大唐与西域从此远离战火；正因为各国总统的坚持，世界看到了和谐稳定的曙光。他们在不断坚持中，找到了自己的平衡点，并作为自己奋斗的起点，同时，他们又将这平衡点扩展到很大很大。

树立高远的理想，保持不懈的拼搏，支持自己的位置，才会将人生的平衡点不断提高，才能在人生的平衡点上创造出巨大的价值。

种瓜得瓜，种豆得豆

不同的能量造成不同的结果。一个人做了什么样的事，就会得到什么样的结果；自己付出多少努力，就会收获多少成果。

有一则寓言是这样的：

一次，渔夫出海，偶然发现他的船边游动着一条蛇，嘴里还叼着一只青蛙。渔夫可怜那只青蛙，就俯下身来从蛇口救走了青蛙。但他又可怜这条饥饿的蛇，于是找了点食物喂蛇，蛇快乐地游走了。渔夫为自己的善行欣慰。时过不久，他突然觉得有东西在撞击他的船，原

来，蛇又回来了，且嘴里还叼着两只青蛙。

这则寓言告诉我们一个浅显的道理：种瓜得瓜，种豆得豆。奖励得当，种瓜得瓜，奖励不当，种瓜得豆。

在生活中，如果我们常常播下幸福的种子，当你需要它的时候，你就会收获到幸福的果实；反之，如果你经常遭遇旁人的冷眼或讥讽，那就要好好审视一下自己，是不是以前就种下了“冷眼”或“讥讽”的种子？

茅以升是我国建造桥梁的专家，他小时候，家住在南京，离他家不远有条河，叫秦淮河。每年端午节，秦淮河上都要举行龙船比赛，到了这一天，两岸人山人海，河面上的龙船都披红挂绿，船上岸上锣鼓喧天，热闹的景象实在让人兴奋。茅以升跟所有的小伙伴一样，每年端午节还没到，就盼望着看龙船比赛了。

有一年过端午节，茅以升病倒了。小伙伴们都去看龙船比赛，茅以升一个人躺在床上，只盼望小伙伴早点儿回来，把龙船比赛的情景说给他听。但小伙伴们直到傍晚才回来，茅以升连忙坐起来，说：“快给我讲讲，今天的场面有多热闹？”

小伙伴们低着头，老半天才说出一句话来：“秦淮河出事了！”

“出了什么事？”茅以升吃了一惊。

“看热闹的人太多，把河上的那座桥压塌了，好多人掉进了河里！”

听了这个不幸的消息，茅以升非常难过。他仿佛看到许多人纷纷落水，男的女的老的小的，景象凄惨极了。

茅以升病好后，就一个人跑到秦淮河边，默默地看着断桥发呆。他想：我长大后一定要做一个造桥的人，造的大桥结结实实，永远不会倒塌！

从此以后，茅以升特别留心各式各样的桥，平的、拱的、木板的、石头的。出门的时候，不管碰上什么样的桥，他都要上下打量，仔细观察，回到家里就把看到的桥画下来。看书看报的时候，遇到有关桥的资料，他都细心收集起来。天长日久，他积累了很多造桥的知识。他勤奋学习，刻苦钻研，经过长期的努力，终于实现了自己的理想，成为一个建造桥梁的专家。

现代人的生活太纷繁复杂了。形形色色的责任、工作、约会、消遣或是娱乐使人越来越应接不暇，渐渐忘记了那句至理名言：少即是多。有人认为，因为别人对自己有所期待，所以自己不能辜负他们的厚望，必须尽量满足他们的要求；也有人认为，多一分耕耘必然会多一分收获，所以自己必须要完成尽量多的工作，以获得最大的成功。

其实，这些都是他们不舍得放弃的借口。放手吧！没有人能够做完所有的事，也没有人可以拥有一切。只要你敢于放弃生活中次要的方面，集中精力关注重要的事，你最终获得的就不仅仅是成功，还有最宝贵的平衡生活。

理想的能量重于金钱

追求可以成为一种快乐，欲望却永远都只是生命沉重的负荷。我们常常感到活得很累，其实只是因为我们所求的太多。我们总希望拥有的越多越好，爬得越高越好，不断地索取，心灵自然无法得到休息。人要生存，必须有物质做基础，但物质的索取必须有一个度。物质可以无限制地增加，但是你却未必都能享受，家有万贯，别人每餐吃一碗，你未必能吃十碗，别人晚上躺一张床，你也未必能躺十张床。

贪婪是一种顽疾，人们极易成为它的奴隶。不可否认，世界上大多数人都是为了金钱而工作，然而，如果一个人纯粹是为了金钱而生活，那他并不是一个快乐的人。物质的需求只是最低的需求，追求自我满足才是人生的最高目标。我们获取金钱只是一种手段，是为了实现理想的手段。因此，理想的能量重于金钱。

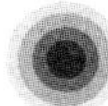

有一个人坐在轮船的甲板上看报纸，突然一阵大风，把他新买的帽子刮进了大海中。只见他用手摸了一下头，看看正在飘落的帽子，又继续看起报纸来。另外一个人大惑不解："先生，你的帽子被刮入大海里了！"

"知道了，谢谢。"他仍继续读报。

"可那帽子值几十美元呢。"

"是的，我正在考虑怎样省钱再去买一顶呢。帽子丢了，我很心疼，可它还能回来吗？"说完那人又继续看起报纸来。

的确，失去的已经失去，何必为之大惊小怪或耿耿于怀呢？

许多人都有过丢失某种重要或心爱之物的经历，比如不小心失了刚发的工资，最喜爱的自行车被盗了，相处了好几年的恋人拂袖而去，如此等等，这些大都会在我们的心理上投下阴影，有时甚至因此而备受折磨。究其原因，就是我们没有调整心态去面对失去，没有从心理上承认失去，只沉湎于已不存在的东西，而没有想到去假造新的东西。

人们安慰丢东西的人时常会说："旧的不去新的不来。"事实正是如此，与其为失去的自行车懊悔，不如考虑重新再买一辆新的；与其因为恋人的离去而痛不欲生，不如振作起来，重新开始，去赢得新的爱情。

有两个朋友结伴出门旅游，在即将返回的时候他们发现钱包不见了。其中一个人把自己去过的地方寻了个遍，询问了许多人，还到派出所报了案，结果一无所获。而另一个人在发现丢了钱包之后，他走进一家饭店，向老板讲明了自己的情况后，用给饭店洗菜的办法为自己和同行的朋友挣得了回家的路费。他还从此和这家饭店的老板交上了朋友，定期有信函往来。别人提起这件事时，他总是说："旅游的时间那么短，有趣的事那么多，为了丢失钱包而一直烦恼下去很不值得。"

人生有许多事情要做，为什么要为一时的失去而一直伤心呢？每个人都有过失去，但对其所持的心态却不同。有的人总是向人反复表明他失去的东西有多么好，有多么珍贵，还有好多人则不同。比如，他们在失去了原有的工作之后，不是一味地伤感，而是主动寻找新的工作；他们相信，失去并不意味着失败，失去后还可以重新拥有。这才是成功者应具备的心态。

第三章

聚集正能量

雷蒙·霍利威尔在《与法则共事》一书中这样写道："不要去预期你不想要的事物会发生，也不要去许一个连你都不相信会实现的愿望。当你预期你不想要的，你只是在浪费宝贵的念力。另一方面就是磁铁，只要与你的心的主要状态相呼应的东西就会被吸引过来。"

带着愿望能量起航

当我们在生命中不停地向前时，应当积极地运用我们内心的愿望能量来影响我们的生活，我们应该相信自己，一切都是属于我们的。我们所要做的就是将过去那些属于我们的东西拿回来。事实往往也是如此，那些我们一开始就注入渴望的事物，也许最后真的会属于我们。我们可以将这种意念的能量理解成为欲望。

合理的欲望从来都是值得推崇的，它是开拓命运的力量，有了强烈的欲望，我们就可能会接近成功。如果你不想再过贫穷的日子，那么你就要在自己的脑海里塑造愿望，并时时刻刻让这种愿望激励着自己、鞭策着自己，让自己朝着这个目标不断地前进。我们要坚信，冬天的脚步近了，春天离我们也不会远了。这是对生活的信心，也是对生活的希望。只要我们每天起来都有这样的信心和希望，我想，无论多么困难的事情，总会有解决的信心与勇气。

有一个小男孩，考试得了第一名，老师奖给他一本《世界地图》，他好高兴，跑回家就开始看。很不幸，轮到他为家人烧洗澡水，他就一边烧水，一边在灶边看地图，看到一张埃及地图，想到埃及很好，埃及有金字塔，有艳后，有尼罗河，有法老王，有很多神秘的东西，心想长大以后如果有机会一定要去埃及。

就在小男孩看得正入神的时候，突然有一大人从浴室里冲出来，胖胖的，围着一条浴巾，用很大的声音对他喊道："你在干什么？"

小男孩抬头一看，原来是爸爸，于是说道："我在看地图!"

小男孩的爸爸很生气，说："火都熄了，看什么地图!"

小男孩说："我在看埃及的地图。"

性格暴躁的父亲跑过来"啪啪"地扇了他两个耳光，然后说："赶快去生火！看什么埃及地图?"打完后，又踢了孩子屁股一脚，用很严肃的表情跟他讲，"我给你保证！你这辈子不可能到那么遥远的地方去！赶快生火。"

小男孩当时看着爸爸，呆住了，心想：我爸爸怎么给我这么奇怪的保证，真的吗？这一生真的不可能去埃及吗？

20年后，当初的小男孩已经长大成人，他第一次出国就去了埃及。他的朋友就问他："到埃及干什么?"那时候还没开放观光，出国很难的。

这个成年男人大声说道："因为我的生命不要被保证。"然后，他自己就到了埃及旅行。

他在金字塔前面的台阶上，买了张明信片写信给爸爸。他深有感触地写道："亲爱的爸爸，我现在在埃及的金字塔前面给你写信，记得小时候，你打我两个耳光，踢我一脚，保证我不能到这么远的地方来，现在我就坐在这里给你写信。"

他爸爸收到明信片时跟他妈妈说："哦，这是哪一次打的，怎么那么有效？一巴掌打到埃及了。"

梦想在生命中是非常重要的东西。只有梦想可以使我们有希望，只有梦想可以使我们保持充沛的想象力与创造力。如果一个人没有梦想，这个人生命就开始可悲了。"保持梦想"就是一直到死前的那一刹那都保持着生前的姿势。

当我们面对残酷的人生，当我们被名车豪宅压得透不过气，心浮气躁，当我们要寻找心灵的那份安静，当我们期待着早日走出泥泞的沼泽时，我们应当大声地将内心的渴望与向往喊出来，用这种积压已久的渴望

与信念来唤醒自己，重新找到梦想的路，为自己打气，为自己加油。只有坚定自己的信念和决心，我们才能真正引领自己的人生。

生活常常给我们出难题，同时也教会了我们解决问题的方法。有些人能够在自己的人生路上创造出属于自己的辉煌，是因为这些人坚信人生没有过不去的坎儿。在困难面前，人们没有低头，只有昂首挺胸，迎风而上，直到迎来胜利的曙光。

以平常心聚集正能量

人生最好的状态就是保持一颗平常心。

慧能大师曾经说："本来无一物，何处染尘埃。"他的这种超脱物外、超越自我的境界，就是对平常心最好的解释。

俗话说：人生在世，草木一秋，如白驹过隙，瞬间而已。所谓平常心，不过是我们在日常生活中处理周围事情的一种心态，它应该是一种"常态"，是人们在具有一定修养后方可具有的一种维系终身的"处世哲学"。也可理解为不骄不躁，以出世之心，做入世之事，意味着在现代紧张生活的压力下，仍有感受那份闲看庭前花开花落，去留无意，望天外云卷云舒，怡然自得的休闲与自在！

我们在生活中往往总是感觉只有努力工作，才能体面地生活，别人才会承认我们，如果我们工作不努力，我们将变得一文不名。

如何让自己在有限的生命里，保持一颗平常心，幸福快乐地过好每一天，是人人都难以超越的一道坎，因为我们很多人并不懂得何为真正的平常心，也不懂得怎样来保持自己的平常心，更不懂得怎样来利用平常心。平常心对人、对人生非常重要，人的一生要想幸福都不能离开一颗平常心。

在你人生最辉煌的时候，如果你仍然保持一颗平常心，它能让你微笑面对扑面而来的是是非非，以质朴、谨慎和求实的精神，顺其自然，从头做起，从现在做起，淡然面对名利的纷扰，挖掘出你身上最大的潜能。而面对逆境时更需要保持平常心。这样我们就可以调适自己的心情，以平常心冷眼看人生。虽然，当下我们无法让自己很富有奢华，但可以让自己过得鲜活快乐，这一点是自己可以把握的。当你受到批评、挫折、失意时，你就不会让这些坏情绪激怒你，伤害你的感情，影响你的生活，而整日闷闷不乐，你会欣然接受，处之泰然。

三伏天，寺院里的草地枯黄了一大片，很难看。小和尚看不过去，对师父说："师父，快撒点种子吧！"

师父说："不着急，随时。"

种子到手了，师父对小和尚说："去种吧。"不料，一阵风起，撒下去不少，也吹走不少。

小和尚着急地对师父说："师父，好多种子都被吹飞了。"

师父说："没关系，吹走的净是空的，撒下去也发不了芽，随性。"

刚撒完种子，这时飞来几只小鸟，在土里一阵刨食。小和尚急着对小鸟连轰带赶，然后向师父报告说："糟了，种子都被鸟吃了。"

师父说："急什么，种子多着呢，吃不完，随遇。"

半夜，一阵狂风暴雨。小和尚来到师父房间带着哭腔说："这下全完了，种子都被雨水冲走了。"

师父答："冲就冲吧，冲到哪儿都是发芽，随缘。"

几天过去了，昔日光秃秃的地上长出了许多新绿，连没有播种到的地方也有小苗探出了头。小和尚高兴地说："师父，快来看哪，都长出来了。"

师父却依然平静如昔地说："应该是这样吧，随喜。"

每一个人每天都要面对不同的人和事，自己的家人、朋友、同事、陌生人，虽说快乐是每一个人追求的目标，可是受时间、环境、人物等的影响，人的情绪也会起伏不定。今天天气晴朗，春光明媚，呼吸着新鲜的空

气，听着鸟儿婉转的叫声，你的心情好极了，你满脸微笑，见到熟知的人都会笑着向他们打招呼。你步履轻松地去上班，刚投入到工作中，你的上司来了，他不知怎么了，因为一点小事向你大发雷霆，把你臭骂一顿，并且不容你解释，骂完之后，扬长而去，留下尴尬的你，满心委屈，却又不知到哪里诉说。如果你不能自行解脱的话，那你今天一天肯定不会有好心情了。上司你得罪不起，你也不能无缘无故地向别人发脾气，只好自嘲地笑了笑，把这件事抛掷脑后，重新投入工作，不让这件事影响你的情绪。

你的心情，待到有合适的机会，再去向上司解释。可对一般人来说，要做到这点也很难，那种惶恐不安的心情会一直困扰着你，使你无法解脱，也许你会看谁都不顺眼。回到家，也是满腹的不快，给自己的家人也带来一种压力，使本来温馨的家也蒙上了一层阴影。

这绝不是耸人听闻，其实好多人都是这样，自己的坏情绪迁怒到别人身上，弄得别人不痛快，自己也不高兴。这就要求我们不管是面对别人还是自己的家人，都要做换位思考，站在别人的角度想一想，相信你就不会有那么多的情绪和牢骚了。

可人往往不能把握自己的情绪，别人升职了，加薪了，我们的心里或多或少都有一丝不平，不能全说是嫉妒吧，也会认为自己的能力并不比他差，就会产生消极的情绪，严重的也许会走极端，发生严重的问题。可要是你和别人的能力相当，看到别人加官晋爵你没有一点反应，那也是不可能的事。

聪明的人也许会知难而退，另辟蹊径，最终达到自己的目的。而如果是常人，也许只会郁闷，不开心，让这种失落的情绪控制了自己，从而扰乱了自己的生活，让自己活在痛苦之中。所以，平常心就是一种不管风吹雨打，我仍稳坐山巅的境界。可人要真正做到这一点就太难了，人常常连金钱和物质都不能摆脱，何谈精神上的追求。一般的人不管遇到什么事，都会有情绪，有的人喜怒哀乐全写在脸上，有的感情丰富的人，会让有些事纠缠自己一生。

人生面临的好多问题跟拿起和放下是截然不同的，因此，保持一颗平常心不是像说得那么容易，做到古人说得“不以物喜，不以己悲”的境界也很难。在生活中，不管遇到任何问题，如果我们都以平常心来对待，我们肯定会活得很快乐。因此，平常心也是我们常人追求的目标。

不被追求完美的能量迷惑

每个人都有潜在的能量，只是很容易被习惯所掩盖，被时间所迷离，被惰性所消磨。而追求完美的人却要拨开云雾，一往无前，“志不可一日坠，心不可一日放”，烦恼油然而生。此外，追求完美的途中纵有万人阻挠，也要依然前行。

罗曼·罗兰是法国著名思想家，也是1915年诺贝尔文学奖得主，他曾经说过这样的话：“人生是艰苦的。对不甘于平庸凡俗的人那是一场无日无夜的斗争，往往是悲惨的、没有光华的、没有幸福的，在孤独与静寂中展开的斗争……他们只能依靠自己，可是有时连最强的人都不免于在苦难中蹉跎。”

这句话告诉我们，在每个人的心中都有一个追求完美的愿望，我们对生活体会得越深，对完美的追求也就越发强烈。这种追求会使生活变得充实，一旦这种梦想破灭的时候，人也跟着陷入了绝境。

追求完美的过程中，人生的烦恼源自不满足的欲望。英国小说家狄更斯说：“追求完美，便永远得不到安宁，永远得不到满足，老是追求着永远得不到的东西，情节、计划、忧虑和烦恼永远萦绕在脑际——不管这是多么离奇，有一点是明白无误的：那是一种不可抗拒的力量，一个人就是在这种力量的驱使下去制订人生计划的！”

很多年前，当记者问球星贝利哪个球踢得最好时，贝利回答：“下一个。”可见，他即使功成名就，仍要不断超越，直面无日无夜的斗争和接踵而来的烦恼。

意大利思想家、自然科学家、哲学家和文学家布鲁诺不顾世人反对，坚定地走在追寻真理的路上。他勇敢地捍卫和发展了哥白尼的太阳中心说，并把它传遍欧洲，被世人誉为是反教会、反经院哲学的无畏战士，是捍卫真理的殉道者。那么如此说来，完美是不是不能追求呢？其实不然。鲁迅先生曾说：“不满足是向上的车轮。”尽管带来烦恼，但也让人深刻，发人深省，促人深思。人类社会从刀耕火种到铁犁牛耕再到机械化播种，都是不满足推动着历史的车轮滚滚向前，无论是伟人还是常人，因不满足而不懈努力迎头赶上，就会不断追求并不断超越。诚如进步是循环往复的，也是永无止境的，不满足推动它向前发展。

人生不必刻意追求完美，追求完美是一种生命本质的流露，它是推动古往今来世界许多奋发向上、勇于进取的原动力，由于它的存在，我们这个纷繁的社会才会变得更加有序，整个人类社会才会不断地走向现代文明。然而，智者会告诉我们，人生不必去刻意追求完美，因为世界本来就没有真正的完美。完美只是人们心中一种虚幻的假想，或是一个目标、一种向往、一种追求。我们只能在朝着这个目标追求的过程中力求把事做得更好，不断地完善，不断地趋向完美，而永远无法达到真正完美的境界。因此，从这个意义说，刻意的追求完美，是一种自我折磨，是对自己的一种无为的苛刻，其后果必然是大失所望，并背上自卑心理的沉重包袱。

完全可以设想，一个“完美”的人，其实是可怜的，他永远无法体会有所追求、有所希望的美好感觉，他永远无法体会到带给他的某些他一直追求而得不到的东西的愉悦和欢乐。

有一个人从来没有出过海，他的朋友约他一起前往，他有点犹豫，害怕翻船。朋友好说歹说地规劝他：“如果你总是这么杞人忧天，还不如从一出生就躺在床上，这样什么危险也就没有了。”这个人经不住朋友的劝告，于是两人一同前往。

刚开始时大海风平浪静，两人觉得心旷神怡。没过多久风浪就来了。船有些摇摇晃晃，那个人有些紧张，朋友告诉他说没什么可担心的，这是常有的事情。那个人情绪有些舒缓。果然，没过多长时间，风浪就平息了下来。等他们回到家的时候，那个人对朋友说："虽然有点惊险，但是还真有趣。"

我们的生活何尝不是这样？当我们年轻的时候，我们畏惧这个风险，担心那个风险。生活就是这样，不可能完美，不可能一帆风顺。我们也没有必要追求完美，追求一帆风顺。我们要追求的是适应和驾驭生活的能力，就像我们在大海上，要做的是适应和驾驭那条摇摇晃晃的船。我们没有办法祈求上天给我们一个完美的生活，我们应该依靠的是自己。

在朝着一个方向一个目标追求完美的同时，如能有勇果断地放弃他无法实现的梦想的是完整的；一个能坚强地面对诸如失去事业、失去朋友，甚至失去亲人之类的极端痛苦和悲伤的是完整的。这是因为，他们经历了最坏的遭遇，却成功地抵御了这种冲击。

如果我们能勇敢地去理解，去原谅，为别的幸福慷慨地表达我们的欣慰，理智地珍惜环绕自己的，那么，我们的心灵就会逐渐地趋向于完美。

一个人从诞生的那一天起，就坐上了生命的列车，开始了他的人生旅途，这车也一直奔向一个"死亡"的终点。一路上，你不要对美好的风景过于流连忘返，因为你还有很多的路要走，也不要对未来忙于憧憬，因为你还在现在。一切过去都将终于现在，未来都始于现在。

对我们来说，生命就是一个奇迹，一个难得的奇迹，因此我们就必须要学会正确把握和善待这唯一的不平凡的一生，来实现各自的生命价值。这不平凡的一生，不一定要多少辉煌，一个平凡的人生本来就是一种不平凡。人生永远在追求中，你追求浅溪，他追求大海，你追求沙漠，他追求绿洲，有追求就好，就像花开不是为了花谢，而是为了灿烂，潮涨不是为了落潮，而是为了造势。有句话说得好："生活得最有意义的，是对生活最有感受的。"

有些东西，总是等到失去它之后，才会懂得珍惜。因为他没有抓住，只有在他深感后悔不及之后，才会明白失去的东西特别珍贵。教训告诉我们：不要轻易地放弃手中的任何机会。这机会也许是你一生中的唯一，不会再有第二次，有时一旦抓住，就有可能成为你自己的永恒。所以，要学会珍惜一切可以珍惜的东西，不必要求十全十美，其实也没有所谓的真正的完美，但要力求完美，不要给自己留下遗憾，从珍惜一点一滴到珍惜一切，相信你的生命将会不断地趋于完美。

正如于丹女士在《〈庄子〉心得》中所说的："人心应该是自然的，不应有很多刻意的羁绊和外在的雕琢，只有这样，才不会迷失自我。"

守住乐观的心理能量

一位著名的政治家曾经说过："要想征服世界，首先要征服自己的悲观。"

所谓乐观的心态是指鞭策自己、战胜自己的心理能量。事物永远是阴阳共存，好坏并进的；同时，事物发展的轨迹是波浪前进，螺旋上升的，即事物本身就是一个动态的进化趋向。乐观的心态看到的是事物好的一面，而悲观的心态则反之。比如，每天都有好消息，早晨一睁眼："哇，我还活着！"乐观的心态也就是积极的心态。

要成功，首先就要有积极的习惯：积极的思维、积极的微笑、积极的手势、积极的语言，当然还有积极的行动。其实这也是一个专注点的问题。尤其是积极的暗示，更为重要。积极的暗示相当于给自己的大脑输入了一个积极的程序，潜意识便会发生作用。

人的潜意识的力量比意识大几万倍，当这个潜能被开发出来，奇迹就会发生。比如，在参加一个比赛前的暗示：我一定成功，我想成功，我可能是第一，我可能是第二。不同的暗示，其结果是截然不同的，因为潜意识会按照暗示自动地工作。

有一对兄弟，老大叫汤姆，老二叫杰克。汤姆性格积极乐观，而老二杰克的性格则消极自卑。他们的爸爸曾做了一个试验，他让杰克独自待在一间装满玩具的房间里，让汤姆待在一间堆满牛粪的屋子里。

过了一会儿，他们的爸爸去察看，发现性格悲观的杰克正坐在玩具堆上哭个不停，于是就去问他为什么，杰克说："爸爸，你给我拿了这么多玩具，我不知道该从哪一个开始玩。"

爸爸将他哄好后便去看杰克，他发现杰克正在非常开心地用一根树杈翻着牛粪，当他看到爸爸来了，就兴奋地问："爸爸，你快告诉我，你把玩具藏到哪堆牛粪下面了？"

悲观者常常在机遇面前想象困难，乐观者总是能够在困难面前发现机遇。追求成功的人，往往会时刻保持乐观的心态，即使再三遭到客户的拒绝，他也会相信成功终究会到来；而悲观者遭到一两次挫败后就会懈怠、放弃，并千方百计给自己找一个理由——我已经尽力了，不成功，我也只有认命了。

用乐观的眼光看世界，世界是无限美好的，充满希望的，我们的生活就充满阳光。乐观的心态能把坏的事情变好，悲观的心态却把好的事情变坏。当然了，最后的受害者也是他自己。消极的东西像水果上发烂的部位，当有一处腐烂，它会迅速将好的部分感染坏。要想阻止继续消极，就必须将已经坏的部分清除掉。在人生的路上，保持乐观的心态非常重要。只有健康的心理才能避免让自己陷入困境，才能避免生理和心理上的疾病。

用乐观的态度对待人生，可看到"青草池边处处花"，"百鸟枝头唱春山"；用悲观的态度对待人生，举目只是"黄梅时节家家雨"，低眉即听"风过芭蕉雨滴残"。譬如打开窗户看夜空，有的人看到的是星光璀璨，夜空明媚；有的人看到的是黑暗一片。一个心态乐观的人可在茫茫的夜空中读出星光的灿烂，增强自己对生活的自信，一个心态悲观的人让黑暗埋葬了自己且越葬越深。用乐观的态度对待人生就要微笑着对待生活，微笑是乐观击败悲观的最有力武器。无论生命走到哪个地步，都不要忘记用自己的微笑看待一切。微笑着，生命才能征服纷至沓来的厄运；微笑着，生命

才能将不利于自己的局面一点点打开。

很久以前看过一幅漫画，两个小孩背靠背站在草地上，男孩脚下一个足球，女孩身边一把铁锹。他俩都望着正在下雨的天空，男孩哭了，女孩笑了。人生也是如此，同样是进退留转，对心态好的人来说是一种责任，是一股动力；而对心态差的人来说，把握不好，则会给心理、身体、家庭和事业带来负面影响。

守住乐观的心境实在不易，悲观在寻常的日子里随处可以找到，而乐观则需要努力，需要智慧，才能使自己保持一种人生处处充满生机的心境。悲观使人生的路越走越窄，乐观使人生的路越走越宽，选择乐观的态度对待人生是一种机智。在诸多无奈的人生里，仰望夜空看到的是闪烁的星斗；俯视大地，大地是绿了又黄，黄了又绿的美景……这种乐观是坚韧不拔的毅力支撑起来的一种风景。人生何处无风景，关键看保持一个什么样的心境。

以宽容心聚集正能量

荀子曰："君子贤而能容黑，知而能容愚，博而能容浅，粹而能容杂。"意思是说，君子贤能而能容纳无能的人，聪明而能容纳愚昧的人，知识渊博而能容纳孤陋寡闻的人，道德纯洁而能容纳品行驳杂的人。由此可见，海纳百川，是宽容。山容万木，是宽容。为了成就一番事业，必须宽以待人。

人的心就如同一个空瓶子，当宽容占据的空间越来越大时，仇恨就会被挤出去。宽容是一种人生的智慧、生活的艺术，是看透了人生之后的一种从容。有了这种处世哲学，我们在面对人生的时候，就会更加的从容不迫。

有个小和尚经常在午夜偷偷溜出寺院，他凭借的是在高墙下面放一把椅子。午夜，外出的小和尚爬上墙，再跳到椅子上，他觉得椅子有些异样。落地后小和尚定眼一看，才知道承接他的“椅子”竟然是寺中的长老。

小和尚仓皇离去，这以后一段日子，他诚惶诚恐地等候长老的发落。但长老好像忘记了这件事情，压根没提到这“天知地知你知我知”的事情。

小和尚从长老的宽容中获得启示，他收住了心，再没有去翻墙，而是通过刻苦的修炼，成了寺院里的佼佼者。若干年后，他成了这座寺院的长老。

“宽容”，如此简单的两个字，可它却包含了许许多多的内涵。它不是一句做作的空话，而是发自内心、形于言表的自然流露。在工作之中，同事之间相处久了，大家的做事方式上都不同，这时总会遇到矛盾、分歧等。但如果大家都持着自己的观点与意见去对待事情，难免也会出现伤和气的场面。领导采取任何一方的意见时总会把另一方意见忽略，于是双方就会出现不满的态度，慢慢地就有了心结。如果任何一方肯让步的话，那事情就可改观了。平时见面时与其点点头、笑笑，问声好。也可主动找对方约个时间坐下来谈一下，大家敞开心怀，把自己不明白的事情向对方指教，尽量地把自己的心结解开并尽力地协助对方把公司的工作做好，这样就可得到同事的谅解、领导的认同，自己心情也得到舒畅。

宽容是人生的财富。同样是一辈子，有的人在不尽的愤慨和埋怨中挣扎着过，有的人在快乐幸福中沐浴着过。

阿拉伯著名作家阿里，有一次和朋友吉伯、马沙两位朋友一起旅行。3人途经一处山谷时，马沙不慎失足滑落。幸而吉伯拼命地拉住他，才将他救起。于是马沙在附近的大石头上刻下了：某年某月某日，吉伯救马沙一命。

3人继续走了几天，来到一处河边，吉伯和马沙因为一件小事吵了起来，吉伯一气之下打了马沙一耳光。马沙跑到沙滩上写下了：某年某月某日，吉伯打了马沙一耳光。

当他们旅游回来以后，阿里好奇地问马沙为什么要把吉伯救他的事刻在石头上，而将吉伯打他的事写在沙滩上呢？马沙回答："我永远感激吉伯救我。至于他打我的事情，我会随着沙滩上的字迹消失，忘得一干二净。"

宽容是我们的优良传统。唐朝谏议大夫魏徵，常常犯颜苦谏，屡逆龙鳞。可唐太宗宽容为怀，把魏徵看作照见自己得失的"镜子"，终于开创了史称"贞观之治"的太平盛世。

清朝康熙年间，桐城人张英官至文华殿大学士兼礼部尚书。在张英老家桐城，他的邻居是桐城另一大户叶府，主人是与张英同朝供职的叶侍郎。有一次，张、叶两家因院墙发生纠纷，张老夫人修书向张英告状。

张英见信后回复老夫人："千里家书只为墙，让人三尺又何妨。万里长城今犹在，不见当年秦始皇。"张老夫人见信后，深受触动，就令家人后退三尺筑墙。叶府很受感动，也命家人把院墙后移三尺。从此，张、叶两府消除隔阂，成通家之谊。

电视剧《成长的烦恼》讲的都是烦恼之事，但是他们对儿女、邻居的宽容，最终都把点点滴滴的烦恼化为了捧腹的笑声。

"海纳百川，有容乃大""大人有大量""宰相肚里能撑船"等，无一不是告诉我们，人应当有宽容和包容的胸怀。俗话说得好："忍一时，风平浪静；退一步，海阔天空。"宽容是一种博大精深的境界和意境，是人的涵养，它是处世的经验，待人的艺术。

梦想的能量，事业的动力

梦想是一种能量，尤其是美梦、有计划的梦，就能产生正向的事业动力。有时一个伟大的梦想，能决定一个企业的生存和发展，能引导一个国家的未来。

人的一生犹如在跷板上行走，起始端一直是最低的那一边，每走一步，下一步都会变得更加艰难。走得越高，越是很难找到平衡。当你认为你已经走到最高的一端，其实你已经开始走下坡路了。此时你会发现你永远都不会达到理想中的制高点，即使反反复复地去争取目标，也会越走越难，归根结底是因为你没有找到人生的平衡点。

在拿破仑还是一个单纯的小朋友时，一次偶然的机会，他的叔叔问拿破仑，将来长大想要做什么？拿破仑在听叔叔这样问他之后，马上滔滔不绝地发表了心中构想已久的伟大抱负。

小拿破仑从他立志从军开始，一直说到想带领法国的雄兵，席卷整个欧洲，建立一个前所未有的超级大帝国，并且让自己成为这个大帝国的皇帝。

不料，叔叔听完小拿破仑的抱负之后，当场大笑不已，指着小拿破仑的额头，嘲讽道："空想，你所说的一切全都是空想！想当法国皇帝？那是不可能的！依我看，你长大之后，还是去当一个小说家，反倒更容易实现你的皇帝梦！"

小拿破仑被叔叔这一阵抢白，非但没有动怒，反而静静地走到窗前，指着远处的天边，认真地问道："叔叔，你看得到那颗星星吗？"

这时还是正午时分，拿破仑的叔叔诧异地走到窗前，茫然地答道："什么星星？现在是中午，当然看不到啊！孩子，你该不会是疯了吧？"

再次面对叔叔的质疑，小拿破仑却是依然镇定而冷静地说道："就是那颗星星啊！我真的看得到，它依然高挂在天边，不分日夜，一直为我而闪烁着，那是属于我的希望之星，只要它存在一天，我的梦想就永远不会破灭。"

事实上，那颗希望之星从未高悬天际，它一直躲藏在拿破仑的内

心深处，凭借内在希望之星的引导，终于使得拿破仑成为真正的法国皇帝。

要想同时获得事业的成功与生活的幸福，我们必须在以下这四大生活版块之间找到一个黄金平衡点：

家庭与社会交际——家庭、夫妻关系、朋友、爱、外界关注、社会认同；

事业与成就——成功、升职、金钱、稳定的生活；

健康饮食——营养、充沛的体力、放松解压、精神状态；

人生的意义与价值——自我实现、心理满足、信仰、哲学思考、关于未来的设想工作与生活的平衡模型。

生活的四大组成部分，工作、身体、社会关系、人生意义，一旦这几个部分之间出现了不平衡，生活就会开始向一边倾斜，最终导致精神上的崩溃。

一百多年前，一位穷苦的牧羊人带着两个幼小的儿子替别人放羊为生。

有一天，他们赶着羊来到一个山坡上，一群大雁鸣叫着从他们头顶飞过，并很快消失在远方。牧羊人的小儿子问父亲："大雁要往哪里飞？"

牧羊人说："它们要去一个温暖的地方，在那里安家，度过寒冷的冬天。"

大儿子眨着眼睛羡慕地说："要是我也能像大雁那样飞起来就好了。"

小儿子也说："要是能做一只会飞的大雁该多好啊！"

牧羊人沉默了一会儿，然后对两个儿子说："只要你们想，你们也能飞起来。"

两个儿子试了试，都没能飞起来，他们用怀疑的眼神看着父亲，牧羊人说："让我飞给你们看。"于是他张开双臂，但也没能飞起来。

这时，牧羊人肯定地说："我因为年纪大了才飞不起来，你们还小，只要不断努力，将来就一定能飞起来，去想去的地方。"

两个儿子牢牢记住了父亲的话，并一直努力着，等他们长大。哥哥36岁，弟弟32岁时——他们果然飞起来了，因为他们发明了飞机。这两个人就是美国的莱特兄弟。

怎样才能找到生活中的平衡点？这个问题长期困扰着许多人，因为对于大多数现代人来说，事业和私人生活总是像鱼与熊掌一般，难以兼得。为了取得事业上的成功，我们不得不做出妥协，而这种妥协的前提通常都是牺牲自己的私人生活。但是，生活中的每个部分都是密不可分的，对任何一方面的过度偏重都必然会使其他方面出现问题。这也就是说，这种所谓的妥协根本就是不必要的！我们完全可以通过一套完整的时间管理与生活管理体系，为自己生活的每一个方面都创造出足够的时间与空间，找到它们之间的平衡点，继而获得长期的和谐生活。比如，一个长期缺乏体育锻炼、不注重营养搭配的人，是不可能持续保持体力充沛的。而且，这种亚健康状态还会进一步影响到他的工作效率与生活质量。

第四章

认识负能量

负能量是能迅速把人的心情拉低，让人消沉的东西，它类似于传染病。其实不管看不看，说不说，真相和现实就在那里，是最残酷最不好看的东西，在没有办法超然的情况下，只有多一些能让人开心、给人希望、积极向上的正能量，才能把现实踩在脚下，而不是扛在肩上，负重或者负痛地活着。从这个意义上讲，负能量也能转化为正能量。

负能量及其负能表现

负能量，从传统物理学角度解释是指“反物质”所具有的狭义能量。从广义能量角度看，所谓负能量是自组织世界中，无论从无机物到有机物，从自然界到人类社会，普遍存在的对“自组织体”进化不利的精神、意识、信息能量。比如热力学自组织现象中的正熵，动物、人类的疾病，动物世界中残酷的“弱肉强食”，社会组织中的贪腐，国际社会中的霸权、侵略，包括日常生活中不良的生活习惯，无组织、无纪律的各种扰乱等皆是负能量。

正能量、负能量主要是指对“有意识”的自组织世界而言，但对于不计自组织有序性的僵尸的物质世界而言，无所谓正能量、负能量。

正能量与负能量就像 N 极与 S 极，是一对与生俱来的孪生姐妹，一般事物有正能量必有负能量。世界上没有绝对的正能量，也没有绝对的负能量。正能量中可能有负能量，对应于甲方的正能量，对应于乙方可能是负能量，今天的正能量，明天可能是负能量。负能量与正能量一样具有相对性、不守恒性、导向性、自组织性、可复制性。它与正能量大的不同在于它对系统存在、进化的非稳定性、干扰性、破坏性、消极性、腐败性，因此，一般意义上负能量是“不好”的能量。

日常生活中，我们会与各种各样的能量打交道，有时负能量并不以“反面”“消极”的面目出现，恰恰相反，它们可能会以假乱真、移花接木。比如，有的蘑菇长得很美丽、鲜艳，但它有剧毒；有些女子打扮很时尚、新潮，可能是一个“抓狂精”；职场中别人对你花言巧语、糖衣炮弹，后面却藏有更大的心机；战争中声东击西、笑里藏刀、实而虚之、虚而实之，更是家常便饭。因此，如何识别对社会、对组织、对自己存在的正负能量，去负存正，避负取正，取好抗坏，取美避丑，对每个企业、每个人的存在、发展都是十分重要的事情。

负能量在事物中的各个形态都有自己对应的负能形式：无机界中的负能量干扰无机物的有序化；生物界、动物界的负能量阻碍生物的进化、动物的繁衍；社会、国家的负能量，不利于社会的进步、国家的稳定与发展。

结合以前的讨论，我们不难得出正能量的不同形式，同样也可以给出负能量的不同形式。我们可以辩证地列出正能量与负能量互相矛盾、互相对应的关系：正能量对应负能量；好能量对应坏能量；美能量对应丑能量；真能量对应伪能量；健能量对应病能量；善能量对应恶能量；前进能量对应倒退能量；进化能量对应退化能量；积极能量对应消极能量；廉政能量对应腐败能量；正义能量对应反动能量；和平能量对应战争能量；稳定能量对应干扰能量；友能量对应敌能量；统一能量对应分裂能量；革命能量对应反革命能量；改革能量对应保守能量；红色能量对应黄色能量；团结能量对应破坏能量，等等。

负能量的主要来源

负能量的来源主要有两个，一是来自职场，二是来自日常生活。来自职场的负能量，可以分为 3 个部分：

第一部分，因自身原因导致的负能量。比如，自己心情不好；或是哪件事情没有做好而导致正常的生活以及工作受到影响；想到伤心的事情落泪哭泣；看到不公平的事情而感到气愤；面对困难或者害怕的事情而感到恐惧；被人批评指责时感到伤心委屈，等等。

第二部分，环境导致的负能量。指实物环境不好而受到负面影响。比

如，出门天气非常阴沉，导致心里很不舒服，一整天都非常沉闷；天下起了暴雪、暴雨导致路上拥挤让自己想办的事情办不成；自己在意的人受到了环境伤害或者发生了意外；办公室里人们的钩心斗角让自己无所适从；办公室杂乱无章让自己心里厌恶，等等。此外，许多文艺作品，互联网上的负面信息，社会上的不良风气，同样构成对个人生活负能量的源头。

第三部分，通过他人吸收负能量。当你和家人或朋友聊天时，他们告诉你一些负面事情与负面情绪，这些负面事情与负面情绪会释放负能量，这些负能量会被你不自觉地吸收，你的情绪也会随之低落。

来自我们日常生活的负能量，可以分为以下 7 个部分：

第一部分，责任的追究。这是谁的错？我们为什么要问这个问题呢？通常，我们问这个问题是为了找出该为某件事负责任的人。我们希望把罪过加到他们身上，使自己得到赦免。让他人承担罪责，我们会感觉像躲过了一颗子弹，但我们实际上只是释放了一股负能量，它将削弱我们的人格。让我们强大起来的最好的方式之一就是简单地承担责任。

第二部分，恶性攀比。这个习惯来自一种不健全的心态，它是在竞争中滋长的。竞争的潜规则是，为了让某个人胜出，那么必须有人失败。生活不是和其他人的一场竞赛，我们应该努力成为最好的自己，因为那才是我们应该成为的那个人。每个人都是完全不同的，因此所有的攀比都不过是一场无意义的心理游戏。随它去吧！

第三部分，伪装自己为受害者。和追究责任相似，这也来自不愿承担我们生命中的个人责任。如果我们把自己视为受害者，那么我们就没法创造积极的改变。无助是一种负面而狭隘的心态，有潜在的负面影响。接受你生命中的责任能给你力量，因为它能帮助你控制自己。抛开受害者的心态，你就能避免许许多多的负面影响。

第四部分，消极对待生活。我们的知觉形成了我们看待现实的方式。如果我们从消极的角度看待生活，我们对一切的感受就会被扭曲。具体地说，这样会把消极的地方放大，把积极的地方缩小。我们都会产生情感的负能量，它们就像微量的毒药，积累起来就能毁掉高品质的生活。

第五部分，乱下定论。这是个很隐蔽的陷阱，因为我们很容易把一个人的行为和他的为人联系起来。问题在于，我们在不同的时间有不同的处事方式，这牵涉到很多变量。压力不仅仅影响我们的情绪，还会影响我们的自我控制能力以及对待他人的方式。如果我们希望别人抛开疑虑，抵制住对我们作出判断的诱惑，我们自己为什么不也这样做呢？

第六部分，收集负面情绪。执着于负面情绪就像服毒。我们都有愉快和不愉快的经历，如果我们收集和不愉快的经历相关的记忆和情感，它们累积起来之后就会主宰我们看问题的视角。如果有一段不愉快的经历，那么忘掉它，向前看吧。

第七部分，想方设法讨好他人。不管你是谁，总会有人喜欢你，也总会有人不喜欢你；有人会同意你的意见，也总有人不会同意。别担心，而且无论如何都不应该为了迎合他人的期望而改变自己。这仅仅会导致无止境的冲突和困惑。学会发现真正的自己，其他事情都会顺其自然地发生。

负面情绪能量的影响

情绪是人对事物的一种最浮浅、最直观、最不用脑筋的情感反应。它往往只从维护情感主体的自尊和利益出发，不对事物做复杂、深远和智谋的考虑，这样的结果，常使自己处在很不利的位置上或为他人所利用。本来，情感离智谋就已距离很远了，譬如以情害事、为情役使、情令智昏等，情绪更是情感的最表面、最浮躁部分，以情绪办事，焉有理智？不理智，怎能胜算？所以，情绪可能左右你的成败！

其实，在我们每一个人的日常生活和工作中，细想想，都或多或少有过一时受情绪摆布，头脑发热就冲动易怒，甚至什么蠢事都敢做，什么恶语都敢说的经历。生活在繁杂的社会关系里，若不善于控制自己的情绪，就很容易经常陷入由自己营造的忧伤氛围中不能自拔，甚至误人误事，此类的例子举不胜举。即便是别人的错误，我们也没必要用来作为惩罚自己的理由。因此，控制好自己的情绪，让自己能理智、平静、坦然、乐观地面对生活中所遇到的一切很重要！

负面情绪是快乐的撒手锏，对人的身心健康造成不同程度的伤害。所谓的负面情绪主要指：生气、后悔、厌恶反感、悲伤、愤怒、冤屈、偏执、焦虑、紧张、恐惧、抑郁、压力感及不适合的性心理、过于兴奋与激动喜狂等带有不良后果性质的情感和意识。

负面情绪能量对人的影响表现在以下方面：

（1）阻碍自身的发展

长期的情绪恶劣，如果不能及时进行自我调节，会妨碍个体正常的心理功能，如注意力、记忆、思考、抉择的能力。

（2）负面情绪影响身体健康

生理和心理学研究认为，应激状态可使人抵抗力降低，易患疾病。“一切顽固的忧愁和焦虑，都可称为不良情绪，这种情绪强烈、长期存在，足以给疾病大开方便之门。”情绪在一些躯体疾病中，起着重要作用。而人的疾病状态，反过来也可引起情绪变化，两者互为因果。常见的心血管疾病、消化性溃疡、糖尿病、哮喘、甲亢等都与长期的负面情绪有关。我国自古就有喜伤心、怒伤肝、思伤脾、忧伤肺、恐伤肾之说。当人情绪变化时，往往伴随着生理变化。

（3）不利于家庭和工作

当员工带着不良情绪回家后，配偶不得不容忍对方的懒散表现，承担更多的家庭责任，会增加夫妻间的矛盾，影响家庭的美满和谐，这也就会影响到配偶在工作中的表现，管理学家将这种现象称为连锁现象。

（4）诱导某些精神疾病

负面情绪的压抑、暴躁、恐惧、焦虑状态无法治愈的话，就会产生精神疾病，如精神分裂症、双相情感障碍、痴呆、强迫症、疑病症等，在生活、工作中亦易发生交通事故。

我们生活在一个正能量、负能量等无限交缀的广义能量场中，时时刻刻每天都在对不同的负能量打交道。因此，日常生活中如何巧驭“负能量”就十分重要。我们应该努力克服消极情绪，不让负面情绪影响工作。消极情绪包括：忧愁、悲伤、愤怒、紧张、焦虑、痛苦、恐惧、憎恨等。消极情绪的产生是因人因时因事而异的，产生的原因可能有：对“应激源”产生的反应；在工作、学习或生活中遭受了挫折；受到了他人的挖苦或讽刺；莫名其妙的情绪低落等。消极情绪不利于身心健康，导致疾病，减少寿命。因之，应调节和克服消极情绪，建立和保持积极情绪。

那么，如何克服消极情绪呢？克服消极情绪有以下具体方法：

一是寄托法。离退休之后，饱食终日，无所事事，便容易产生失落感、孤独感、忧郁感。这时应当寻找精神寄托，培养一些兴趣爱好，做些力所能及的工作，发挥余热，再做奉献。做到“有事心方健”“有为则常乐”。

二是遗忘法。已经过去的事，特别是不愉快的事，不要老去想、去回忆，应当做到“言完事过如云散，何必三思绕心缠?”要学会控制自己的思维活动，努力强迫自己少想或不想那些烦恼之事，直至把它遗忘掉。

三是宣泄法。将积聚在心里的痛苦、忧愁、委屈等发泄出来，使人轻松、气爽、一吐为快。宣泄的方式主要有倾诉、痛哭和写日记等。

四是让步法。当遇到挫折、烦恼和不愉快之事，且矛盾暂时无法解决时，不妨做些适度让步。退一步天宽地广，让三分海阔天空；适度让步可使自己在心理上获得解脱、缓解矛盾，减轻精神压力和精神负担。

五是疏导法。当不良情绪出现时，可找你信任的人、能体谅帮助你的人、有共同经历的人，向他们倾诉，并请他对你进行劝说、安慰、开导，可使你茅塞顿开、想通问题、解除烦恼。

六是克制法。认识消极情绪的危害，学会控制自己的情绪，加强修养，培养自制力，运用理智和意志的力量加以控制。要宽宏大量，要把事情看得淡一些，不要钻牛角尖。

七是升华自我法。升华就是利用强烈的情绪冲动，把它引向积极的、有益的方向，使之具有建设性的意义和价值。我们常说的“化悲痛为力量”就是指升华自己的悲痛情绪。其实不只是悲痛可以转化为力量，其他的强烈情感也都可以化为力量。例如，可以化愤怒为力量、化仇恨为力量、化教训为力量、化鼓励为力量、化羞辱为力量，等等。世界上最值得赞美的行为之一就是发奋努力、不断进取、升华自我。这种升华是人类心灵中所迸发出来的最美的火花，也是人类赖以生存和发展的最重要情操。著名心理学家弗洛伊德把升华看作最高水平的自我防御机制。他认为，只有健康和成熟的人才有可能实现升华。

八是利用情绪。利用，就是我们常说的“坏事也能变成好事”。一种利用是对时机和客观条件的利用。一个能使我们苦恼的强制性要求，如果能巧妙地加以利用，首先在精神上感到自己由被动转化为主动，进而可以使烦恼变为怡然自得、乐在其中。另一种利用，就是对情绪本身的利用。把情绪化为情趣加以利用，这里说得更为具体一些，是指“嬉笑怒骂，皆成文章”的意思。诗人利用他涌现的激情写出了流传千古的诗篇，作曲家则在他灵感突现时谱出了动人心弦的乐章。当自己真挚的感情强烈涌现时，抓住它做一些有益的事。

有道是：心宽则天宽，天宽则路宽。生活中的一点失意，是微不足道的，它不应影响与左右我们的整个旅途。要知道，生活里总是要有所不在乎、有所舍弃的，我们需要的是抓住生命中最重要、最有价值的部分。生命很长，生命很宽，一路上我们不可能总是热热闹闹、轰轰烈烈，聚散总有，得失常在，旅途中会有许多亮点，也会有不少阴暗。这时，我们需要学会“不在乎”，次要的、多余的我们都应不在乎，不在乎势利得失，不在乎金榜题名，不在乎命途多舛，不在乎与恋人分手，不争名于朝，不争利于市。面对不称心的事儿，如果能够乐观的道声：“我不在乎！”那么，我们的生活一定会从容许多，轻松许多，美丽许多。

负能量也能正向转化

每个人身上都是带有能量的，健康、积极、乐观的人带有正能量，和这样的人交往能将正能量传递给你，令你感染到那种快乐向上的感觉，让你觉得“活着是一件很值得、很舒服、很有趣的事情”。悲观、体弱、绝望的人刚好相反。和具有正能量的人交往，你会觉得自己那点不开心的事情不过是生命环节中的一个小插曲，没什么大不了的，未来还是光明的、希望的。

我们来看看鲁迅先生弃医从文的故事。

鲁迅原本希望通过医学启发中国人的觉悟，但他的这种梦想并没有维持多久，就被严酷的现实粉碎了。在日本，作为一个弱国子民的鲁迅，经常受到具有军国主义倾向的日本人的高度歧视。在他们的眼睛里，凡是中国人都是“低能儿”，鲁迅的解剖学成绩是59.3分，就被他们怀疑为担任解剖课的教师藤野严九郎把考题泄露给了他，这使鲁迅深感作为一个弱国子民的悲哀。

在日本仙台医学专门学校，有一天在上课时，教室里放映的片子里一个被说成俄国侦探的中国人，即将被手持钢刀的日本士兵砍头示众，而许多站在周围观看的中国人，虽然和日本人一样身强体壮，但个个无动于衷，脸上是麻木的神情。这时身边一名日本学生说：“看这些中国人麻木的样子，就知道中国一定会灭亡!”鲁迅听到这话忽地站起来向那说话的日本人投去两道威严不屈的目光，然后昂首挺胸地走出了教室。

鲁迅的心像大海一样汹涌澎湃，一个被五花大绑的中国人，一群麻木不仁的看客一一在脑海闪现。鲁迅想：如果中国人的思想不觉悟，即使治好了他们的病，也只是做毫无意义的示众材料和看客。现在中国最需要的是改变人们的精神面貌。从此以后，他终于下定决心，弃医从文，用笔写文唤醒中国老百姓。

鲁迅离开了仙台医学专门学校，回到东京，翻译外国文学作品，筹办文学杂志，发表文章，从事文学活动，致力于拯救当时中国人的灵魂。鲁迅把个人的人生体验同整个中华民族的命运联系起来，奠定了他后来作为一个文学家、思想家的思想基础。

那么，如何将自己身上的负能量转化为正能量呢?

（1）生气负能量的转化

生气是一种高能量宣泄的过程，是一种高能量的情绪，而这种情绪，可以帮助自己做出反应并采取相应的行动，使正在生气的自己能够克服那些本来看似不可能逾越的障碍和困难。生气经常与不喜欢的情况相连在一起，它身为负能量，并且此负能量是一股强大的高能量，只要运用得当，将此高能量运用于冲破障碍和解决困难中，那么相当于生气使你产生了力量，产生了一鼓作气的力量，去冲破平日受制的框框。所以，只要能调整心态，生气也可以化成一股有追求的正能量。

（2）悲伤负能量的转化

悲伤是一种能使人消沉，让人进入严重的自我封闭的情绪，但是同时，它也是一种能促进深层思考的情绪，能让人更好地从失去中吸取教训，从而更珍惜目前所拥有的一切。悲伤能使人把自己伪装成受害者，使自己可以不去承担生命中的责任，并且不去创造自己、改变自己，但是同时，悲伤情绪能让人学会冷静，并且得到独自相处的最佳时间。只要我们敢于承担自己的责任，勇敢地认识自己，面对自己，我们就会明白，每一个成功都是有代价的，我们必须要让自己强大起来，告诉自己，我不是弱者，不是受害者，我们便可以获得化悲伤为力量的智慧。

（3）后悔负能量的转化

人的一生就是不断消耗能量的过程，消耗的能量不可能会重新回到身边，消失的时间也不可能会让人重新体验一次，世界上没有卖后悔药的地方，所以当我们失败了，我们做错事了，我们失去本不该失去的东西了，我们要做的不是后悔责备自己为什么当初不那样做，为什么当初没有把握住，为什么当初没有认真努力地去成功。相反地，我们应该做的是从后悔中找到自己失败的原因、错失的原因，找到工作未能达到最好效果的理由，提醒自己要找出一个更有效的方法，因为有了后悔的感觉，才会清楚自己到底想要什么，才会重新树立自己的价值观，才会重新明白到底什么对自己更重要，之后再努力争取对自己最重要的东西，去完成自己认为最有价值的事情，所以后悔有助于给我们带来重整旗鼓的动力。

（4）恐惧负能量的转化

恐惧也是一种高能量的情绪，它能使人的神经变得脆弱，它能使人变得胆小，变得惧怕任何困难，它能使人一遇到问题就逃避，不去勇敢解决。它是一种强大的负能量，但是如果合理运用恐惧这种负能量，并且把它的能量转化为正能量，它仍然存在着很多优点。可提高神经系统的灵敏度，并且可以令个人的危机意识增强，提高对任何事情的警觉性。恐惧可以激发任何人在学习、工作以及努力时的上进心，以获取相关的知识和资讯，它还能使人具有迅速做出反应的能力，在必要的情况下采取适当的方法，甚至在发觉自己力所不及的时候，可以选择适当的逃避，以便减轻伤害程度。一些生活中、学习中、职场中经常接触到的“负能量”情绪，只要能够善于开导，以转换角度的思维方式处理，那么工作时遇到的情绪波动，也会变成正面的能量。

恐惧每种“负面”情绪只要合理地运用，就可以变成一股原动力，推动当事人做出行动，这种动力也可以说是给当事人指出了一个方向，也可能是给予一份力量，有些甚至是两者都有提供。

（5）抱怨负能量的转化

抱怨是最消耗能量的无益举动。有时候，我们的抱怨不仅会针对人，同时也会针对各种事情、事物，甚至感情，以此来表示我们内心有多么的不满，发现我们内心的情绪。的确，生活中有不少烦心事，也有各种不公平的待遇，办公室的钩心斗角、堵塞的交通、情人的不关心不理解、父母望子成龙所给予的压力、天气的阴沉产生的心理沉闷等，都会让我们产生各种抱怨。

我们抱怨这个世界，抱怨这个环境，抱怨这个社会，并且还会不断地抱怨自己，抱怨自己不够聪明不够冷静，就是觉得关于自己的一切都是黑暗的。但是，这些抱怨真的有用吗？地球会因为你的抱怨而停止转动吗？时间会因为你的抱怨而停止流逝吗？还是说社会会因为你的抱怨而改变吗？都不是，无论你怎么样，这个社会都不会多看你一眼，你只是社会不

起眼的一丁点儿。所以，我们应该停止抱怨，把“抱怨”这个负面情绪，负能量转换为能让自己向上的正能量。面对这个社会的不公平时，我停止抱怨这个世界，把抱怨所需要的能量全部转换为让自己学习、让自己进步、让自己更优秀的能量。

当意识到自己在抱怨或是批评的时候，应该自觉性的马上停止自己的抱怨，想想是否是自己做得不好。并且想想自己为什么要抱怨。抱怨的这件事是你可以改正的吗？如果可以，那就开始改正。如果无能为力，那为它生气也是白费力，学会以平常心对待。

有这样一则古老的寓言，或许可以给我们一些启示。

有一个年轻的农夫，划着小船，给另一个村子的居民运送自家的农产品。那天的天气酷热难耐，农夫汗流浃背，苦不堪言。他心急火燎地划着小船，希望赶紧完成运送任务，以便在天黑之前能返回家中。突然，农夫发现，前面另外一只小船，沿河而下，迎面向自己快速驶来。眼见着两只船就要撞上了，但那只船并没有丝毫避让的意思，似乎是有意要撞翻农夫的小船。

“让开，快点让开！你这个白痴！”农夫大声地向对面的船吼叫道，“再不让开，你就要撞上我了！”

但农夫的吼叫完全没用，尽管农夫手忙脚乱地企图让开水道，但为时已晚，那只船还是重重地撞上了他的船。农夫被激怒了，他厉声斥责道：“你会不会驾船，这么宽的河面，你竟然撞到了我的船上?!”

当农夫怒目审视对方小船时，他吃惊地发现，小船上空无一人。听他大呼小叫，厉言斥骂的只是一只挣脱了绳索、顺河漂流的空船。

在多数情况下，当你责难、怒吼的时候，你的听众或许只是一艘空船。那个一再惹怒你的人，绝不会因为你的斥责而改变他的航向。

许多人都说，不要和那些带给你负能量的人在一起，因为他们会让负能量包围你，甚至让你变得会产生很多负面情绪，但是回想起自己的成长经历，反而总是会想到那些给我负能量的人。每当负面情绪、负能量冲我袭来，我会痛苦、难受，但是在令我难受痛苦的同时，也促使我迅速成长，虽然那些负能量有时候会让我走投无路，会让我放弃，让我的价值观、存在感在一段时期产生动摇，但是，也正因为有这些负能量，我才能发现我对这个世界的认知还不够，我对待这个世界还不够成熟，不够全面。而且，每当我走出那些负能量带给我的压迫、难受及痛苦的时候，我都会感觉到自己的新生，我能感受到自己的价值，并且明显发现了自己的成长。

那些能从负能量包围圈里成功走出来的人，无疑都是伟大的，其在负能量圈里所承受的心酸、辛苦，都是无法对别人言说的，只能靠着自己支撑，靠着自己敢于面对负能量的意志支撑着，而每次对自我的成长，对自我的突破，无不是孤身从危机重重的负能量圈里杀出来，这个过程对你的胆气、心力、意志、潜能都是一种很大的锻炼，足以让你脱胎换骨，当然，你也有可能因此而在负能量中沉沦、灭亡。而万一绝处逢生，它给你带来巨大的快感能让你瞬间顿悟成长的真谛。当你一个人击败要吞噬你的整个负能量集团军时，那种成就感绝非正能量的鲜花、掌声、赞扬所能比拟。一场惊心动魄的逆袭要比毫无悬念的完败精彩太多，也诱人太多。

俗话说得好：“小成功靠朋友，大成功靠对手，惊天动地的伟业还需感谢你的敌人!”

第五章

规避负能量

负能量在不同的事物、不同的状态、不同的阶段，可能有不同的表现形式，它可以是坏能量、丑能量、恶能量、伪能量、艳能量、腐败能量、干扰能量、不稳定能量、敌对能量、阻碍能量、破坏性能量、病能量、毒能量、消极能量等多种类别。在职场生活中我们不但要有一双能识别的“火眼金睛”（比如许多包装十分精美的食品盒卖的是过期、劣质的有毒食品），在无法战胜它时还要想办法规避它、远离它。

远离负能量的困扰

负能量危害我们的身心健康，因此应该远离负能量。从实践经验来看，远离负能量可以采取以下方法：

（1）离开

这是最直接，最有效的实用方法。当你感觉在某个地方，或者和某个人说话的时候，莫名感觉疲劳，感觉心里不舒服，此时，你可以选择暂时离开那个地方或者远离那个人。你试着长吁一口气，顿时感觉大脑轻松许多，疲惫的感觉降低，就表示你已经拒绝接受负能量，或者你身上的负能量已经被对方吸引过去。由此可以看出，离开是远离负能量的最有效的方法之一。

（2）通过观想来防护

当你遇到负能量的时候，闭上眼睛，学会想象或者观想宁静平和的感觉。闭上眼睛，想象自己的脑海中有一个白色的，干净的大屏幕，想象着正能量正从你的脚底向上流向你的头顶，并且继续向外流向天空，流向大气层，流向宇宙；然后，想象一道来自宇宙的干净光束，从你的头顶上方直射下来，进入你的头顶，脑海，直达你的脚底，然后溜出去。此时，你放松全身心态，想象温暖的感觉布满你的全身，感觉全身充满了光。也可以尝试带着美好的想法走进一个地方，你会开始连接四周人们美好的感觉，放大你感觉美好的能力，而你也增强了别人美好的感觉。这个想象视觉化的过程，能将你身上的负能量转变为正面的正能量。

（3）什么都不做

你可以选择什么都不做，也不去防护，但是唯一需要的就是保持自己的专注，使你的专注感知达到最佳状态，那么对你自己也是最大的保护。能量本身并没有好坏之分，当你光照入内心，就和高我链接上了，能量来来去去又何妨？

（4）从爱你拥有的一切开始

观察你处理日常琐事时的反应。如果每一次你都神经紧张、心烦，那么你在创造一种会变成磁力的张力，为你吸引另一件不好的事，身体中的紧张或烦躁会吸引更多的问题。如果你放松，在心里和脸上保持微笑，便会避免在未来创造更多负面能量。这并不是说你不必处理发生的问题，而是这么做你将不再创造新的问题。

从爱你拥有的一切开始，就有能力疗愈每一次自己注意到的负面能量，帮助人们进化，增加家里的正能量，改善关系的本质。

（5）你不需要被别人的坏情绪影响，不管他们是谁

他人可以让你感觉低落，让你的生活难过，而恰恰在这个时候，他人给了你疗愈自己的机会。无论何时，当你走进一个地方，发现你不喜欢那里的感觉，就立即停止它，让它变成空白的屏幕，放松，观想你要的感觉，开始感觉自己正如此感觉。每一个人，每一件事，都提供了你清净能量、演化自己以移入更高境界的机会。

永远不要忘记：你们拥有一切最伟大的力量和疗愈自己的能力！

让美好梦想战胜负能量

思想包含了一条至关重要的原则，它是宇宙的创造性原则，它具有意能的进化性、导向性、裂变性和成长性。你可以自由地决定自己想什么，驾驭正能量的钥匙在你自己手心。任何想法只要持之以恒，都能在个体的性格、健康和环境等方面产生应有的结果。

由此可见，我们可以用富有新意的思考的习惯，去带动另一些只能产生不合意结果的思考的习惯，这种方法至关重要。所有人都知道，做到这一点绝不是轻而易举的事情，精神习惯很难控制，纵然如此，我们还是可以控制它，方法就是立即用建设性的想法替代破坏性的想法。

要养成对每个想法进行分析研究的习惯。如果某个想法是必要的，如果它在客观世界中的展示不仅对你有益，而且对它可能影响到的所有人都有利，那么就留住它，珍惜它。这样的想法有价值，与无限宇宙相协调，它能成长、壮大，产生100倍于其他想法的成果。

另外，你也要把此处引用的乔治·马修·亚当斯的这句话牢记在心：“如果某个想法或者要素似乎在可以预见之日对你没有明确的帮助，但是这种想法或要素却硬想挤进你的脑海，那么你要学会把思维之门紧锁，将你的脑海封闭，把你的办公室关好，将你的世界与之隔绝。”

下面，就让我们来看几则让美好梦想战胜负能量的故事吧！

先来看看海伦·凯勒的故事。

海伦·凯勒是19世纪美国人，在19个月大时因患猩红热而被夺去视力和听力。她靠用手触摸、用嘴尝味、用鼻嗅闻，来熟悉周围黑暗沉寂的世界。这些残疾带来的局限之大，简直让她无可奈何！面对这样的一个人，你怎么去教一个听不见的人？她不会说话，你怎么知道她需要什么？她既看不见又听不见，可是她到底是怎样知道你在哪儿的？

海伦·凯勒在精神上不屈服于这种清冷生活。但由于连诅咒和抱怨都不可能，她只好用身体的剧烈晃动对父母和周围的人发脾气，来说明她心灰意懒的心境。看来她命中注定要在与世隔绝的无声世界里绝望地度过一生。

可是，一个卓越非凡的年轻女子闯进了海伦·凯勒的生活，并改变了她的人生。此人可以看作生活中的强人，她就是安妮·沙利文。

海伦·凯勒的父母雇用了安妮·沙利文，让她来排除女儿的孤独、抚平她的怒气。因为海伦·凯勒的一切已让他们心灰意懒、垂头丧气。

安妮·沙利文完全意识到了自己的困难，也意识到自己的任务几乎毫无希望可言，可是她仍暗下决心去教这个孩子，让她同自己无法到达的世界进行交流。这是同明显不可能的事情进行的一场厮杀，其挫折和失望能让最坚强的人气馁、却步，可是，她却默默忍受下来，而且数月一直如此。因为她这个人拒绝失败。

在安妮·沙利文的悉心照料下，突然有一天，海伦·凯勒发出了一声表示理解的声音。当太多的失望令人灰心丧气，而希望好像永远不会降临时，海伦·凯勒的这一举动出乎所有人的意料，大家看到，海伦·凯勒在做出第一个反应后，就像蓓蕾一样开放了。海伦·凯勒的潜能被心中的另一个信仰所挖掘而开始开发了！

海伦·凯勒进展缓慢，饱受痛苦，有时停滞不前，但她继续努力。在经历常人无法想象的磨难之后，海伦·凯勒终于完成了一系列著作，并致力于为残疾人造福，建立慈善机构，1964 年她荣获“总统自由勋章”，次年被美国《时代周刊》评为 20 世纪美国十大英雄偶像之一，成为世界人民尊敬的坚毅勇敢的光辉榜样。

海伦·凯勒本可以轻易地成为被安慰者，去“诅咒上帝然后死去”，可是她却有不同的选择，她要战胜自己的缺陷而不向它让步屈服。

海伦·凯勒的故事十分具有传奇色彩，它震撼着人的心灵，故事中包含着人性中最美好的品格和对生活的渴望、生命力的顽强，使我们看到了什么是将不可能变为可能，什么是创造奇迹，什么是平凡中孕育伟大。

我们再来看看罗斯福的故事。

罗斯福小的时候，几乎认为自己是世界上最不幸的孩子，因为患脊髓灰质炎而留下了瘸腿和参差不齐且突出的牙齿。他很少与同学们游戏或玩耍，老师叫他回答问题时，他也总是低着头一言不发。

在一个平常的春天，小男孩的父亲从邻居家讨了一些树苗，他想

把它们栽在房前。他叫他的孩子们每人栽一棵。父亲对孩子们说，谁栽的树苗长得最好，就给谁买一件最喜欢的礼物。

小罗斯福也想得到父亲的礼物，但看到兄妹们蹦蹦跳跳提水浇树的身影，不知怎么地，萌生出一种阴冷的想法：希望自己栽的那棵树早点死去。因此浇过一两次水后，再也没去搭理它。

几天后，小罗斯福再去看他种的那棵树时，惊奇地发现它不仅没有枯萎，而且还长出了几片新叶子，与兄妹们种的树相比，显得更嫩绿、更有生气。

父亲兑现了他的诺言，为小罗斯福买了一件他最喜欢的礼物，并对他说："从你栽的树来看，你长大后一定能成为一名出色的植物学家。"

从那以后，小罗斯福慢慢变得乐观向上起来。

一天晚上，小罗斯福躺在床上睡不着，看着窗外那明亮皎洁的月光，忽然想起生物老师曾说过的话：植物一般都在晚上生长，何不去看看自己种的那棵小树。当他轻手轻脚地来到院子里时，却看见父亲用勺子在向自己栽种的那棵树下泼洒着什么。顿时，他明白了一切，原来父亲一直在偷偷地为自己栽种的那棵小树施肥！

小罗斯福返回房间，任凭泪水肆意地奔流……

几十年过去了，瘸腿的罗斯福已经长成了大人，他虽然没有成为一名植物学家，却成为美国第32任总统，美国历史上唯一蝉联四届的总统，美国迄今为止在任时间最长的总统。美国历史上最伟大的三位总统之一，同华盛顿、林肯齐名。

在这个故事中，父亲的爱是罗斯福生命中最好的养料：哪怕只是一勺清水，也能使生命之树茁壮成长。也许那树是那样的平凡、不起眼；也许那树是如此的瘦小，甚至还有些枯萎，但只要有这养料的浇灌，它就能长得枝繁叶茂，甚至长成参天大树。

从那些故事中可以看出，一个人如果想要达到梦想中自己的样子，那么必须做到的就是摒弃负能量，规避负能量，并将负能量带给你的烦恼、困惑、压力、伤心统统转化成可以让自己进步、让自己能奋斗起来的动力，也就是所谓的正能量，只有做到了这些，你离梦想就不会遥远，离你梦想中的人也不再会遥远。

通过精神共振规避负能量

精神力量的共振能力是现存的最精妙从而也是最强大的力量。对那些感悟出精神力量本质和卓越性的人来说，一切物质力量都无法与其相提并论。精神共振可以有效地规避负能量。

一个人信奉的神灵暗示了该神灵崇拜者的智力水平。问印度人什么是神，他会向你描绘一个光荣部落里威风凛凛的酋长；问异教徒什么是神，他会告诉你火神、水神以及这样那样的神；问犹太人什么是神，他会告诉你摩西是神，因为犹太人认为自己应当受到强制措施的统治，因此也就有了犹太教的“十律”，还可以说约书亚是神，此人曾率领犹太人冲锋陷阵，没收财产，屠杀囚犯并且将城市夷为平地。

前人告诉我们，人可以“支配万物”。这种支配力是通过思想形成的，思想是一种行动，可以控制每一条比自己低级的原则。这条由于本质和品质卓尔不群而确立自身地位的最高原则，决定着一切事物所处的环境、表象以及与其他事物的关联。

我们惯于用人体五大感官为镜头来看待宇宙。“人来中心说”的理念是从这些体验得来的，但是真正的理念只能通过精神洞察力才能获得，这种洞察力需要思维的频繁共振。只有当思维始终专注于某个特定方向时，才能得到这种洞察力。

当我们的精神力专注于某些特定的东西时，我们的感官会放大，我们的思维将会变得更加活跃，所以只有我们的精神力变得强大，我们才会有更加强大的洞察力，才能更加清晰地分清表象与现实。始终专注意味着思想平缓，连续地流动，这是身体系统耐心、持久、坚忍和有序的结果。

而当我们的精神力变得强大的时候，我们能更加有效地规避负能量，远离负能量给我们带来的烦恼。在美国历史上，就有一位有独特的精神力和人格魅力的领袖——林肯。

林肯在25岁以前，没有固定的职业，四处谋生。成年后，他成为一名当地土地测绘员，因精通测量和计算，常被人们请去解决地界纠纷问题。在艰苦的劳作之余，林肯始终是一个热爱读书的青年，他夜读的灯火总要闪烁到很晚很晚。在青年时代，林肯通读了莎士比亚的全部著作，读了《美国历史》，还读了许多历史和文学书籍。他通过自学使自己成为一个博学而充满智慧的人。

在一场政治集会上，林肯第一次发表了政治演说。由于抨击黑奴制，提出一些有利于公众事业的建议，他在公众中有了影响，加上他具有杰出的人品，1834年他被选为州议员。两年后，他通过自学成为一名律师，不久又成为州议会辉格党领袖。1834年8月，25岁的林肯当选为州议员，开始了自己的政治生涯，同时管理乡间邮政所，也从事土地测量，并在友人的帮助下钻研法律。几年后，他成为一名律师。积累了州议员的经验之后，1846年，他当选为美国众议员。1847年，林肯作为辉格党的代表，参加了国会议员的竞选，获得了成功，第一次来到首都华盛顿。

在此前后，关于奴隶制度的争论，成了美国政治生活中的大事。在这场争论中，林肯逐渐成为反对蓄奴主义者。他认为奴隶制度最终应归于消灭，首先应该在首都华盛顿取消奴隶制。代表南方种植园主利益的蓄奴主义者则疯狂地反对林肯。1850年，美国的奴隶主势力大增，林肯退出国会，继续当律师。1860年，林肯成为共和党的总统候选人，11月选举揭晓，林肯以200万票当选为美国第16任总统，但在奴隶主控制的南部10个州，他没有得到一张选票。

林肯当选总统的消息传出，美国南北矛盾迅速扩大，坚持蓄奴主义的南方把林肯的当选看作一场灾难，南卡罗来纳州在林肯宣誓就职之前退出联邦。为了维护国家的统一，战争一触即发。

由于美国的普选制深入人心，随着新总统的当选，国家权力的顺利交接渐成美国的传统。这当中仅有一次略为例外，就出现在1861年3月林肯就任总统之时。在3月4日就职典礼的当天早晨，同情南方的人们聚集在街头巷尾散布流言蜚语，甚至传闻有刺客蓄意行凶。陆军司令特意采取了预防措施，派出士兵在宾夕法尼亚大街两侧警戒，还在国会大厦附近派驻了一个炮兵连。实际上，那天是平静的。林肯宣誓就职后，由骑兵护送前往白宫，开始履行总统职务。但是战争已经不可避免。林肯就职一个月以后的4月12日，南部联邦的军队攻击了政府的一个要塞，“南北战争”爆发了。

战争开始时，北方军队打得并不顺利，为了迅速扭转不利的局面，1862年9月22日，林肯颁发了《初步解放宣言》。当年年底，林肯签署了经过修改的《最后解放宣言》。他在签署了这个文件后庄严宣布：“在我的一生中，从来没有比此刻签署这个文件时更加坚信自己是正义的。”根据这个宣言，美国从法律上废除了奴隶制。

1863年7月1日，南北双方军队在宾夕法尼亚州的葛底斯堡进行了关键性战役。北军获胜，战局从此向有利北方的方向发展。1864年11月，林肯第二次当选总统。当选后，林肯以极大的努力要求参众两院通过宪法第13修正案——宣布蓄奴非法。这项历史性的宪法修正案于当年终于获得通过。

1865年4月14日晚，林肯在华盛顿的福特剧院遇刺身亡。5月4日，林肯葬于橡树岭公墓。

林肯领导美国人民维护了国家统一，废除了奴隶制，为资本主义的发展扫除了障碍，促进了美国历史的发展，一直以来受到美国人民的尊敬。

世界上无产阶级的伟大导师、科学社会主义的创始人马克思曾经这样评价林肯：“他是一位达到了伟大境界而仍然保持自己优良品质的罕有的人物。这位出类拔萃和道德高尚的人竟是那样谦虚，以致只有在他成为殉道者倒下去之后，全世界才发现他是一位英雄。”

从林肯的故事里，我们不难看出，林肯是一位伟大的总统，他解放黑奴，反对种族歧视，提倡人人平等。他拥有他自己的人格魅力，但是他的人格魅力是如何修炼而成的呢，那是因为他具有很强的精神力去专注于做这件让美国彻底改革的事情，因为他喜欢读书，喜欢学习，喜欢充实自己的正能量，所有知识的获得，都是他对于解放美国黑人这种专注力的结果。他存在这种思维，他的思维变成了一块磁石，激起他求知的欲望，能够吸收知识，并让知识归他所有。如果说是林肯造就了美国黑人的解放，不如说是美国的国情，美国的政治造就了林肯，因为在这种制度下，林肯才能更加有精神地去学习，去专注。

因此，“精神真理”是控制因子。有了它，你就能超越一切受到局限的成就，到达某个使自己把思维模式变成性格和觉悟的层次。

如果你想要消除恐惧，那么就专注于勇气。

如果你想要消除匮乏，那么就专注于富足。

如果你想要消除疾病，那么就专注于健康。

永远把理想当作一个已经存在的事实来专注。进入你思想中的是神，是生殖细胞，是生活原则。正是这些东西展现出来，进入你的思想，并促动那些“因”，而这些“因”又引导、指挥，造成必不可少的关联，最终以有形的形式展示出来。

宽容是消除负能量的法宝

有时候，严厉的惩罚不如一句暖心窝儿的话更能使人受到教育。因而，宽容是一剂良药。宽容不只是一种思想，更是一种可以实践的本质。因为它是每个人都具有的一种无限宽阔广大的“空性”本质。学会宽容别人就是学会宽容自己，给别人一个改正的机会，就是给自己一个更广阔的空间。所以，学会宽容，就是不断在学会超越自我，超越执着的过程。

当我们越能宽容，我们就越净化自己，使自己越趋向光明升华——愿人人都能宽容，和谐共荣；愿生生世世宽容，直到永远。

很久以前，有一个年轻人，脾气非常不好，动不动就与人打架，因此，人们都很讨厌他。有一天，这个年轻人无意中游荡到了大德寺，正遇到清心禅师在讲佛法。他听完之后感到非常懊悔，决定痛改前非。他对清心禅师说："师父！今后我再也不与别人打架斗口角了，即使人家把唾沫吐到我脸上，我也会忍耐着把它拭去，学会默默地承受！""就让唾沫自干吧，别去拂拭！"清心禅师轻声说道。

年轻人听完，不解地问道："如果拳头打过来，又该怎么办呢?"

"一样呀！不要太在意！只不过一拳而已。"清心禅师微笑着答道。

这时，那个年轻人实在无法忍耐了，便举起拳头朝清心禅师的头打去，然后问道："现在你感觉怎么样呢?"

清心禅师一点儿也没有生气，反而十分关切地说道："我的头硬如石头，可能你的手倒是打痛了！"

年轻人无言以对，似乎对禅师的言行有所领悟。

生活之中，大度包容的心不可缺少。如果气度狭小，遇事斤斤计较，那么在生活中就会处处碰壁，烦恼也会越来越多。但如果能以实际行动来理解、宽容别人，那自己也会得到别人的理解和包容。

包容别人可以减少自己的烦恼，增加智慧，但是包容应该要有尺度与范围，以免造成自己的负担。包容的限度不能大到让自己痛苦、困扰，甚至是痛恨的地步，必须量力而为，不能够自不量力。而且，包容别人的错误，虽然是气度恢宏的表现，但是在工作的品质上，却有待斟酌。比如因为下属犯的错，上司连带着要负责，如果还是一味包容，恐怕只会让事情越来越糟。

所以，我们找人做事，一定要找到能力足以胜任、品德值得信赖的

人，否则不在乎人才优劣，认为自己可以包容所有的人，到最后一定会产生问题。毕竟对一个人的包容，可以毫无限制，但是工作上的包容，却不能马虎，否则会对团体产生巨大的影响。不过，再有能力、有品德的人，也会犯错，虽然对方不是故意的，可是已经连累到你，如果你了解这个人的能力和品德，就应该替他承担下来。这样的处置并不是包庇他的错误，而是了解在因缘变化之中，难免会发生错误，所以是可以被包容的。

中国弥勒菩萨的像，大多做成布袋和尚的样子，他背上的布袋名为“乾坤袋”，可大可小，不论是垃圾、黄金，任何东西都可以装进去，但是拿出来时却空空如也，什么东西也没有，表示这个袋子能无限容纳任何东西。

包容别人的时候，要将自己想象成一个无底的垃圾桶，才能承受别人的大量垃圾，但要注意的是，不要让别人的垃圾成为你的负担。最好能像布袋和尚的乾坤袋一样，可大可小、包容一切。

想要具备这样的能耐，平时可以练习着多为他人设想，少为自己的利益打算，器量就会变得越来越大。我们常常犯一个错误，我们能包容身边的朋友，邻居，同事，有时却不能包容我们最爱的那个人，以致一分离千古恨，今生一别，再见面亦遥遥无期。大家都包容些吧，一句对不起有什么了不起，谁先说了又怎么样，一句我爱你能治百病，这么便宜的药为什么不用？相思人来相思病，相思病来命断肠，自古空留多少遗憾多少恨。大家都包容些吧。

第六章

能量的美丑

美到底是什么？古往今来的智者们一再追问，却始终难以给出一个定义。庄子说，一个天生的美人儿，如果不被别人告知，她永远都不会知道自己是美的。事实上，美是一种感觉意能，是一种让我们心动的感觉。每个人都喜欢美人儿，爱吃美食，愿意穿美衣华服，但是，对于什么是美，是不是真的每个人都理解了呢？而很多大师们经过深刻的思考以后的结论就是——“美，是相对的一种感觉。”

美能量与丑能量的相对性

对于美这个问题，古往今来都有许多人探究。庄子说，一个天生的美人儿，如果不被别人告知，她永远都不会知道自己是美的。他在《齐物论》中反复强调："天下莫大于秋毫之末，而泰山为小；莫寿于殇子，而彭祖为夭。""莛与楹，厉与西施，恢恑憰怪，道通为一。"庄子这些话的意思是说，事物没有大小之分，泰山与兔毛尖无大小之别；事物没有美丑之分，西施与丑厉是一样的；事物没有时间上的差别，殇子的短命与彭祖的长寿是相同的。至于大知与小知，大年与小年，大鹏与小虫也都是一样的。在庄子眼中，丑厉这样的丑人和西施这样的美女，根本没有美丑的区别。

古希腊著名哲学家苏格拉底对于人生种种问题的认识常常和庄子有心意相通的地方，关于美的定义，他也曾经展开过探讨。苏格拉底曾经问当时的诡辩学家希匹阿斯"什么是美"，就是最著名的《大希匹阿斯篇》，这是西方美学史上第一篇系统讨论美的文章，文章认为，美是一位漂亮的姑娘，可是一匹母马，一个竖琴，一个汤罐，难道就没有美的吗？再说，再美的姑娘，和女神比起来，也还是丑的。那么，这位姑娘，究竟是美的，还是丑的呢？苏格拉底和希匹阿斯最后的结论是"美是难的"。

现实生活中其实也一样，一位明星被捧出来了，有人会奉为偶像疯狂追随，有人却不以为然，甚至嗤之以鼻。其实，艺术之美，也是看其给人们心灵中带来的那种感觉。

为什么美的概念这样难以确定？那是因为美是无限的，是相对的。最著名的是“情人眼里出西施”，说的是古代有个公子，爱上了独眼的姑娘，他觉得那些长着双眼的女子，怎么都那么难看呢？恋爱中的人们，平凡的对象都美若天仙，失恋的人们，看到漂亮的花朵也会觉得是一种讽刺。这就是美的相对性了。

苏东坡著名的诗云：“横看成岭侧成峰，远近高低各不同。”同样的任何事，在不同的人眼中，会因为看的角度和心理的不同，而感受到不同程度和方面的美。

对于审美角度和审美心理问题，有一种观点认为，恋爱中的男女智商是最低的。美学家们曾辩论过，在审美经验中，到底是先有“好看”再有“好感”，还是先有“好感”再有“好看”。对于绝大多数的恋人来说，“好感”总是无条件地先于“好看”而存在的。这样，便有了上述的“情人眼里出西施”一说。恋爱之情的生发，可以因为觉得对方相貌美，所以影视明星往往是“大众情人”，或大众的“梦中情人”。但“情人眼里出西施”这句话，讲的却是生活中常见的一种特例，即某女相貌在一般人眼中并不怎样，在她情人眼中则美若天仙。这里表现的就是审美眼光和美的标准问题。

一朵花或一部小说，一座建筑和一个女人，一支乐曲和一幅画，我们对这些不同的对象尽管都感觉到美，可是甲里面的美不是乙里面的美，乙里面的美又不是丙里面的美。这个简单事实就足以证明，美不是一种普遍的永恒的属性，为一切叫作美的事物所共有，但它可随内容和其他条件而转变。“情人眼里出西施”也就是说明了这个道理，这个简单的事实就足以否定绝对美的存在。不过同是一个事物，从这个角度去看是美的，从另一角度去看是丑的，所以美和丑是相对的。没有人是绝对的美或绝对的丑的。

我国古代有一个著名的“东施效颦”的故事，从一个侧面反映了人们对美的理解和追求。

西施患有心口疼的毛病。有一天，她的病又犯了，只见她手捂胸

口，双眉皱起，流露出一种娇媚柔弱的女性美。当她从乡间走过的时候，乡里人无不睁大眼睛注视：好美的女子！

乡下有一个丑女子，名叫东施，相貌一般，没有修养。她平时动作粗俗，说话大声大气，却一天到晚做着当美女的梦。她看到西施这般美丽，就学西施的样子，今天穿这样的衣服，明天梳那样的发式，却仍然没有一个人说她漂亮。

这一天，东施看到西施捂着胸口、皱着双眉的样子竟博得这么多人的青睐，因此回去以后，她也学着西施的样子，手捂胸口，紧皱眉头，在村里走来走去。

哪知东施的矫揉造作使她样子更难看了。结果，乡间的富人看见东施的怪模样，马上把门紧紧关上；乡间的穷人看见东施走过来，马上拉着妻子、带着孩子远远地躲开。人们见了这个怪模怪样模仿西施心口疼，在村里走来走去的东施，简直像见了瘟神一般。

东施只知道西施皱眉的样子很美，却不知道她为什么很美，而去简单模仿她的样子，结果反被人讥笑。这个故事说明，每个人都要根据自己的特点，扬长避短，寻找适合自己的形象，盲目模仿别人的做法是愚蠢的。

对此，庄周在《庄子·天运》中有一段话："故西施病心而颦其里，其里之丑人见而美之，归亦捧心而颦其里。其里之富人见之，坚闭门而不出；贫人见之，挈妻子而去之走。彼知颦美而不知颦之所以美。"这段话描述了"东施效颦"的深刻意义。

每一个人都有一个适合自己的标准，当你看到电视明星光鲜亮丽的衣着，看到模特身上穿的衣服无比耀眼，你会不自觉地把自己的身材、样貌提高到明星、模特的高度，你会在心里产生一种幻想，幻想自己穿上这些衣服也会像她们一样好看，然后你会不自觉地去买这些衣服，但是，当你真正穿上这些衣服的时候，你会发现，这些衣服并没有想象中的那么好看。其实，真正的原因在于你不是模特，不是明星，你穿不出她们的气质，穿不出她们的感觉。所以，做任何事情都必须做自己合适的，适合自己去做的。因为适合别人的不一定适合自己，只有适合自己的才是最好的。

美丑背后神奇的奥秘

美好的东西都是人人向往的，我们日常生活中每天都与美、丑在打交道。一部电影、电视剧，如《泰坦尼克号》《阿凡达》可以影响全球；美丽的童话故事如《美人鱼的故事》《卖火柴的小女孩》整整影响了数代人的成长。小白兔与大灰狼的故事、雷锋的故事、唐僧师徒取经的故事，同样影响了一代代中国孩子们的成长。

古代许多国家的国王为了一个美女引起一场战争，甚至造成政权换代、江山易姓。比如吴越夫差与西施、唐玄宗与杨贵妃等，古希腊特洛伊战争据说就是为了美女海伦而爆发的。文艺复兴时期达·芬奇笔下的《蒙娜丽莎的微笑》，其美丽的笑容简直笑破了中世纪封建专制统治，迎来了资产阶级的新时代。为什么一个美女、一幅画作、一个美丽的故事会产生如此巨大的作用？从能量角度看，因为美具有能量，有着广泛的意义，“美能”的可放大与复制，使其对社会发展、时代演化产生了巨大的影响。

现实生活中，亦有许许多多发现美、创造美、传播美的人们，如书画家、工艺美术大师、摄影家、动漫工作者、雕塑家、剧作家等，他们所从事的事业许多已成了巨大的产业。比如电影电视、传媒广告、动漫景观、工艺美术、戏剧小品、书画、雕塑等，之所以能够变成产业，从能量角度看，都是“美能量”在起作用。

因此，学会运用、识别、管理、经营美能、丑能，无论对社会、对企业、对个人的身心健康，都具有十分重要的作用。经营美能量、丑能量是美丽社会、美丽国家、美丽事业、美丽人生的必不可少的一种能力，也是开启美好之门的一把钥匙。

赞美过程中的能量密码

《水知道答案》中，作者用122张通过高速摄影拍下的风姿各异的水结晶照片，试图向读者展示“水能听，水能看，水知道生命的答案”的观点。这项实验由日本研究水结晶的I. H. M综合研究所的江本胜博士主持，已进行了10年。所有的这些风姿各异的水结晶照片，都是在零下5度的冷室中以高速摄影的方式拍摄而成。

在最初的观察中，研究员发现城市中被漂白的自来水几乎无法形成结晶；而只要是天然水，无论出自何处，它们所展现的结晶都异常美丽。当研究员在实验水两边放上音箱，让水“听”音乐时，他们发现，听了贝多芬《田园交响曲》的水结晶美丽工整，而听了莫扎特《第40号交响曲》的水结晶则展现出了一种华丽的美，听了不喜欢的摇滚乐时结晶就显得丑陋。

研究员进而在装水的瓶壁上贴上不同的字或照片让水“看”，结果不管是哪种语言，看到“谢谢”的水结晶非常清晰地呈现出美丽的六角形；看到“浑蛋”或者“烦死了”的水结晶破碎而零散。

通过这些观察到的现象，作者认为，只要水感受到了美好与善良的感情时，水结晶就显得十分美丽；当感受到丑恶与负面的情感时，水结晶就显得不规则且丑陋。

无论《水知道答案》这本书里表述的是真是假，但是这个世界上确实存在赞美与批评能改变一个人乃至一件事物的好与坏的现象。

赞美、微笑都属于正能量，人类本性最深的需要是渴望别人的欣赏，因此我们一定要多夸奖别人，多赞美别人，即使是用最普通的，最平常的语言夸奖别人，对于你来说，是平常又平常的事，但对于别人来说，意义却非同凡响，它可以使别人愉悦，使别人振奋，甚至可以因为这句话而改变他的一生。

那么，如何赞美别人呢？下面的10个技巧都是行之有效的。

（1）赞美的具体化

具体化的赞美是所有赞美取得成效的前提。空泛化的赞美，给人感觉不真诚、虚幻、生硬，使人怀疑有某种动机，而具体化的赞美，则显示真诚，一千遍的“你真漂亮”，不如说她像张曼玉，你说她眼睛漂亮，也比说她人漂亮要有效得多。这就是说，赞美要同其他美好事物结合使用，才显得具体化，才显得功力强大、效果明显。

比如，你要赞美一个老板“领导有方”，不如说：“我刚来您公司的时候，你的门卫、前台做事都兢兢业业，您平时是怎样教育他们的?”或者这样说：“王总，您公司是做五金的，应该说油渍相当多，但您公司的每一个地方都干干净净，请问您平时是如何教育您的员工的?”

（2）从否定到肯定的评价

这种用法一般是这样的，“我一般很少佩服别人，你是个例外”“我一生只佩服两个人，一个是×××，一个是你”，等等。

也就是说，与想要赞美的老总讲话，那么就把老总换成行业内的知名人士；反过来，与想要赞美的行业内的知名人士讲话，就把他换成老总，依次类推。

（3）投其所好，及时赞美

见到、听到别人得意的事，一定要停下所有的事情，去赞美。

比如，如果一个人升官了，在第一时间见到他，一定要用大官的称呼去叫他，用大官的职权和能力去恭维他。

另外，也可以通过名片来投其所好，加以赞美。名片是一个人成功的写照，一般包括4个方面，可以通过这些方面进行赞美：公司的高标，公司的名称；名字本身，如文化人出身，生僻字有请教；看职务，职务越多越要夸，他写那么多就是想让你夸的；看单位，因为每个行业都有它自己的特色，都是可以夸的。

（4）主动同别人打招呼

打招呼背后的含义是我眼中有你，越是高层的人越是喜欢同人打招

呼，这一点在生活中是很明显的，而层次较低的一般不屑于同别人打招呼，特别是同门卫、清洁工及下属打招呼，他们受宠若惊的表现会让你在生活中受益匪浅。

（5）适度指出别人的变化

指出别人的变化包括两个方面的内容，一是指出好的方面，其意义是你在我心目中很重要，我很在乎你的变化；二是指出坏的方面，其意义是我瞧不上你，我不在乎你，这是很糟糕的。比如，别人穿了一件新衣服，合身的就夸漂亮，不合身的就夸有特色。

单位的同事、生意的伙伴都是要夸的对象，所以说，生活中很久不见了，无论说你胖了还是瘦了都是很舒服的。如果是第二次去客户那里，一定要注意客户的变化，及时地进行赞美。

指出别人的变化要想取得积极意义，总的原则是：遇物涨价，逢人减寿。

（6）与自己做对比

通常情况下，一般人是很难贬低自己的，如果你一旦压低自己同他做比较，那么就会显得格外真诚，这个方法特别适合领导来使用，会给下属一种莫大的鼓舞。比如：

“××老板，看起来你的年龄和我差不多，您现在就开这么大的公司，对于我来说，真是不敢想象！”

“××老板，您公司这么多的员工，如果是我的话，我真的不知道如何管理！”

（7）逐渐增强你对别人的评价

如果你想要得到一个人的心，那就逐渐增强你的赞美吧！如果你要伤一个人，那么就逐渐降低对他的评价吧！情人变老婆的失落，就是因为我们相互降低了对对方的评价。

在实践中最贴近生活的例子，就是我们买菜时，如果卖菜者一个劲儿地从盘子里往下取菜，即使秤杆再高，那么我们也不会高兴；但如果是他加一个再称，然后再加一个，再称，即使秤杆没有那么高，我们也会高兴，这是心理学的普遍定律。

逐渐增强赞美的语言逻辑是这样的，举例来说：“罗总啊，刚开始和您接触的时候，觉得您是一个非常儒雅的人，谈了这么久，真没想到您除了对贵公司的产品了如指掌，对其他行业也有很深的研究！”

或者这样说：“罗总啊，记得我第一次来，就觉得您是一个非常努力的人，您正准备去送货，是用自己的小车；可是第二次过来，是大田货运公司的小卡车在帮您运货；等到第三次过来，是用大货车送货，您的生意真是越来越好了，您所有的努力也带来了更大的收获！”

（8）似否定实肯定的赞美

看似否定实则肯定的语言逻辑是这样的，举例来说：“刘总，您什么都好，就是不太注意自己的身体，刚才，您的前台对我讲，您昨晚又工作到了12点多钟！”

或者这样说：“刘总，您什么都好，就是抽烟太多了一点，这样对您的健康很有影响，您知道，全公司的人都关注您的健康啊！”

（9）信任刺激

经典之语为：“只有你，能帮我，也只有你，才能做成！”

信任刺激的语言逻辑是这样的，举例来说：“王总，我知道您是一个非常乐于帮助别人的人，我这个月的业绩还差××元就完成了公司的任务，这对于我来说非常的重要，目前我又没有意向的客户，所以只有您才能帮我了！”

（10）给对方没有期待的评价

如果你夸美女美，那么她不会有太多的感触，因为大家都这么说她，所以你就要说她有性格，有素养。不要夸丑女美丽、漂亮，这样夸是虚伪。夸美女漂亮效果不明显，但是要夸长相一般的女孩漂亮，她会喜欢。

好好地、认真地学习上述10个技能，当你会熟练应用的时候，你会瞬间发现自己人缘会非常好，自己很受别人欢迎，甚至所有人都爱和你聊天，都爱找你帮忙，这就是赞美的力量，就是正能量的力量，所以我们一定要学会赞美别人。

由此可知，赞美，这一十分简单的命题往往是我们运用“美能量”的常规武器，运用得体，亦能为我们带来巨大的快乐。

“美丽中国”与美能量

2013 年是中国农历癸巳年。就在壬辰龙年，一个极具历史性意义的大会在庄严的人民大会堂隆重召开，一个划时代的字眼“生态文明”走入了人们的视野，这就是万众瞩目的十八大。“天蓝、地绿、山青、水净”，“美丽中国”的图景跃然眼前。坚守这种正能量，未来十年的中国，环境将更加美好，中国人会感觉更加幸福美满。这种生态理念为所有人的生活传递了正能量。2013 年，我们真正地从物质时代迈入了能量时代，迈入智慧时代。

党的“十八大”后，习近平主席发出了建设“美丽中国”的时代强音。改革开放 30 多年来，中国经济高速发展，GDP 成了全球第二。但是由于众所周知的原因，贫富差距、环境污染、贪污腐化等各种“丑能量”也“道高一尺，魔高一丈”，问题不少。习近平主席提出的“美丽中国”“中国梦”，完全正当及时。可以说，“美丽中国”从广义能量角度看，就是要把中国建成环境美、文化美、生活美、精神美的强大、富裕、和谐、幸福国家，从物质到精神，从环境到经济，它就是弘扬强大的正面的美能量。

因此，从笔者角度理解，“美丽中国”既是一个目标，也是一美能集结号、放大器、发动机、能量源。“美丽中国”既是一项伟大的美能事业，也是一个伟大的美能愿景，具有伟大的现实主义与历史主义。

2012 年，灾难、挫折、危险、颓废等信息较多，所以人们对正能量就分外敏感。无论是媒体宣传还是社会舆论，“正能量”这个词在 2012 年度词汇榜上热度极高。2012 年 12 月 21 日为玛雅人预言的世界末日，这一天黑暗降临后，黎明将永不到来，这将是人类文明结束的日子。因着玛雅人精确的历法推算（几千年前的玛雅人精确计算出地球环绕太阳的公转时间为 365. 242129 天，与今日科学测定的一年长 365. 242198 天，相差不到万分之一），于是，人们开始担忧，开始恐慌，开始进入无尽忧郁的隧道。也有少数不安分子到处散布谣言，蛊惑大众。但是在这一天，谣言不攻自破了，太阳依然升起，我们还正常地站在这个美丽的星球上。妖言惑众这种负能量只是扰了些立场不坚定的人，这些制造恐惧的人或齐聚玛雅遗址等待终结，或蜂拥而至“避难所”，更有人网上写末日留言。

到目前为止，地球已经过了4个太阳纪，而在每一纪结束时，都会上演一出惊心动魄的毁灭剧情。据玛雅历法中的《卓金历》所言：我们的地球现在已经在所谓的“第五个太阳纪”了，这是最后一个“太阳纪”。按照玛雅预言，这个太阳纪定会发生太阳消失，地球开始摇晃的大剧变，但是这样的世界末日并没有如期而至。所谓的末日预言者——玛雅人，在这一天也都在迎接新纪元。

玛雅人说，玛雅历法的世纪更替一直被外界误读，虽说之前记载的前4个太阳纪都是以天灾作为结束，但这并不意味着2012年12月21日第五个太阳纪的最后一天将会有什么不测发生。这个转折点不是指世界的末日，而是指“第五个太阳纪”的到来；人类不是走向毁灭而是进入一个新的纪元！在这个新的纪元，人类将再次得到进化，当然进化不成功的一部分人必将招到毁灭，如那些负能量过盛的人，所以也警告人类要想生存，就必须提高生态环境水准！

根据玛雅圣历《卓金历》中所描述的有关“大周期”的预言。“大周期”的最后20年，即1992—2012年的地球更新期中，人类将有两个重大事件要发生。第一是出现能与宇宙意识共鸣并觉醒的新人类，以及地球的净化与再生。第二是更新期后地球将走出银河射线的范围，整个太阳系将进入预言中的同化银河系的新阶段，人类将迈向另一新的文明——新纪元。

就是在第二个大周期之末，在人类文明古国中国胜利召开的“十八大”上，明确将生态文明载入党章，此后，生态文明建设将与政治、经济、文化、社会建设组合成五位一体，为中国社会主义现代化建设开辟更加广阔的发展前景。而这莫不是生态新纪元的开始。

生态文明作为新时期的正能量，首先要求我们要反思对待“地球”的

方式。尽管这一天地球和人类没有遭遇“灭顶之灾”，但并不代表我们的地球可以经受人类肆意的破坏和过度的索取。正应了老子的话“人法地，地法天，天法道，道法自然”。在新纪元到来的时代，我们更需要充满正能量！

在当今的社会生活中，涌现的具有最美正能量的人很多，最美女教师张丽莉、最美农民张永楠、最美司机吴斌、最美战士高铁成、最帅铁警李博亚等，这一个个故事，一幅幅图片，一段段影像，或呈现“最美”，或展现激情，或激荡温暖，或撼人心扉。

人心是向善的，他们那仁者爱人、光明磊落的高尚情怀，使人不仅感动肺腑，而且精神为之一振，进而会悄悄形成一种“见贤思齐”的“蝴蝶效应”。

《人民日报》曾经有烟台开发区“周江疆生命诠释‘高富帅’”、广西北流“八方爱心涌向英雄谢强华”、广东佛山“打工妹舍身救女童”、四川遂宁“激流中，他伸出生命的手”4篇报道，几位勇士中，既有14岁年轻的中学生，也有事业有成的“富二代”。他们为这个时代树立了一个个崭新而可亲的榜样！也是他们增强了激浊扬清的“正能量”。

我们必须说，不论是“最美妈妈”“最美士兵”，还是“最美司机”“最美教师”“最美勇士”，他们都只是平平凡凡的小人物，但是小人物的正能量却引发了“化学反应”，闪现了人性的光辉，照亮了道德的方向。在我们一次一次受到不道德行为伤害、一次一次因为人性的冷漠而陷入迷茫和困惑的情况下，这股正能量传递给我们的是向善的信心和希望。

在这些感人的正能量里，我们触摸到的是暖暖的情谊，是浓浓的大爱，是大义的担当。在这些正能量的载体里，有草根、有老板、有党员、有职工，他们所付出的大爱，足以撑起这片社会蓝天。在我们祖国的发展中、建设中、进步中、前行中，太需要这样的正能量了，正能量是推进社会进步的强有力的助推器。

一个人的正能量可以让我们变得自信、乐观、向上，一个社会的正能量可以形成免疫气场，让道德保持健康。一个人可以不伟大，一个社会可以有瑕疵，但是不可以没有正能量；我们可以批评，也可以挑剔，但不应该悲观，更不可以绝望。百姓需要正能量的鼓舞，为了全社会那份向善的信心和希望，我们每个人或许应该反思——在抱怨社会一些不好现象之前，先要保证自己积极地传递正能量，用我们的正能量去感染别人，推动社会和谐，那才是我们应该追求的。

绘制“美丽中国”大画卷需要更多这样的社会正能量，我们欣喜地看到了这样的正能量，正能量传导给我们的是温暖，是感动，是力量。我们每个人都有义务去传递正能量，释放正能量，放大正能量，给力正能量。只要我们的社会有了更多的正能量，我们就会多了更多前行的力量。

有力的正能量就在社会的各个角落里，就在街头巷尾里，就在机器轰鸣里，就在富有生态产品生产能力的各行各业。让正能量为我们扬起跨越发展的风帆，让我们一起用正能量为我们的“美丽中国”建设添上浓墨重彩的一笔。

2013 年，让这个充满能量的时代成就绿色时尚的生活。正如玛雅长老所说“新纪元的展开就是为了给全人类一个改变的机会，小到家庭，大到国家、社会，都应该被我们改变得更美好，这才是新纪元的意义。”

今天，可说明是一个社会“正能量”和“负能量”的博弈。在社会洪流中，没有人是一座孤岛，能在大海里独踞。当人人都传递正能量时，微力量就能够被仿效与复制，汇集成无穷的力量，撑起一片爱的天空。

“天地有正气，杂然赋流形。”正能量化于无形，但至真至切，传递在百姓之间。“美丽中国”需要“正能量”源源不断地濡养。凝聚正能量需要你我共同参与，才能建设美好的国家，建设“美丽中国”梦。

逆境中的正能量之美

许多人说，不要和那些带给你负能量的人在一起。但我每当回想自己的成长经历，更多的是想到那些曾给我带来负能量的人。每一次负能量的

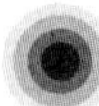

冲击波袭来，在令我痛苦的同时也令我迅速成长。那些负能量甚至会让我的世界观在一段时期内有所动摇，但正是它们，让我明白自己对这个世界的认知还不够冷静，不够全面，还带有许多童年时代的天真与幻想。

正是那些负能量，让我从充满温情和爱意的童话笔触描绘下的世界里走出，从充满书生迂腐气的书斋里走出，来独自面对这个庞大、冰冷而陌生的世界。但当我不得不忍痛从跌倒处爬起的时候，不得不运用自己的力量和意志去揭开真实世界的面纱时，才慢慢发现，原来真实的世界并非初看时那样，在它庞大、冰冷和陌生的外表下，也潜藏着幽默、温馨和感动。

我因此知道，真实的世界和童话里的世界，未尝不是同一个世界；真实的世界和书斋里的世界，未尝不是同一个世界；而正能量与负能量，也未尝不是同一种能量。藏在幕后的上帝，就像双子座的孩子，有其春日温暖的一面，也有其秋天萧瑟的一面。上帝摆出一副严肃的面孔，却未尝不是个狡黠的胆小鬼，而那些负能量，正是用来检验勇者和凡夫的试金石。

如果说我上述的感受仅仅是个人的，那么，就让我们一起来看看下面这些故事吧！

（1）小 K 的成长

小 K 读小学的时候，他们那个城市还没有辅导班，每到寒暑假，除了学校布置的作业外，他爸爸还会另布置作业给他，通常是一天写一篇作文。他写过头三天之后，就会什么也写不出来，于是冥思苦想，东拼西凑，拿给他老爸看时，老爸会说："前面两篇还能看，后面就越来越差劲了。"老爸有时候去朋友家做客，回来后就对小 K 说："我今天看了 ×× 的作业，人家比你小两岁，水平却够你学两年的。"小 K 自然很不服气，心里憋了一股劲儿，想扭转这种评价。

三年级的时候，学校作文竞赛，小 K 拿了一等奖，这消息小 K 并没有对家人说，而是把得奖的那篇作文重新抄在作业本上，故意忘在他老爸看得见的地方，然后背书包上学去了。放学回来后，发现作文后面被他爸批了 4 个字："一塌糊涂。"

长大以后，有一次小 K 和朋友圈的人聊起各自小时候的故事时，他们会觉得他老爸过分，因为他们从小到大在家听到的都是表扬和鼓励，很少被家长严厉地批评。在他们看来，他老爸带给小 K 的都是负能量。而他们不理解的是，他老爸一直对小 K 有太高的期许，爱深责切，才提出近乎苛刻的要求。但成年的小 K 对他们说："如果没有那些负能量，恐怕今天我就没有机会和你们坐在一起聊天。假如你们不是从小在北京长大，不是在人大附中、北京八中这些地方读书，而是像我一样，在小县城长大，在连一所实验室都没有的中学读书的话，没有负能量激发你，你就不可能走得出来。"

那些和他在同样的环境中成长起来的人，时至今日仍不甘心过一种庸碌的生活者，屡遭挫败仍对未来抱有极大信心者，颠沛流离仍对理想抱有热情与期望者，没有哪个是在正能量的庇护下长大，相反，他们都是在负能量的激发下长大。

（2）山鹰绝地求生

一个人在高山之巅的鹰巢里，抓到了一只幼鹰，他把幼鹰带回家，养在鸡笼里。这只幼鹰和鸡一起啄食、嬉闹和休息。它以为自己是一只鸡。这只鹰渐渐长大，羽翼丰满了，主人想把它训练成猎鹰，可是由于终日和鸡混在一起，它已经变得和鸡完全一样，根本没有飞的愿望了。主人试了各种办法，都毫无效果，最后把它带到山顶上，一把将它扔了出去。这只鹰像块石头似的，直掉下去，慌乱之中它拼命地扑打翅膀，就这样，它终于飞了起来！

（3）神父的悲哀

在某个小村落，下了一场非常大的雨，洪水开始淹没全村，一位神父在教堂里祈祷，眼看洪水已经淹到他跪着的膝盖了。一个救生员驾着舢板来到教堂，跟神父说："神父，赶快上来吧！不然洪水会把你淹死的！"

神父说："不！我深信上帝会来救我的，你先去救别人好了。"过了不久，洪水已经淹过神父的胸口了，神父只好勉强站在祭坛上。

这时，又有一个警察开着快艇过来，跟神父说："神父，快上来，不然你真的会被淹死的！"

神父说："不，我要守住我的教堂，我相信上帝一定会来救我的。你还是先去救别人好了。"又过了一会儿，洪水已经把整个教堂淹没了，神父只好紧紧抓住教堂顶端的十字架。

一架直升机缓缓地飞过来，飞行员丢下了绳梯之后大叫："神父，快上来，这是最后的机会了，我们可不愿意见到你被洪水淹死。"

神父还是意志坚定地说："不，我要守住我的教堂！上帝一定会来救我的。你还是先去救别人好了。上帝会与我共在的！"洪水滚滚而来，固执的神父终于被淹死了。

神父上了天堂，见到上帝后很生气地质问："主啊，我终生奉献自己，战战兢兢地侍奉您，为什么您不肯救我！"

上帝说："我怎么不肯救你？第一次，我派了舢板来救你，你不要，我以为你担心舢板危险；第二次，我又派一只快艇去，你还是不要；第三次，我以国宾的礼仪待你，再派一架直升机去救你，结果你还是不愿意接受。所以，我以为你急着想要回到我的身边来，可以好好陪我。"

这个故事看似是一个笑话，但是背后的哲理值得我们深思：自助者天助，在面对困难，面对负能量的时候，首先你需要战胜的是自己，只有你自己帮助了自己，在内心中战胜负能量，别人才会帮助你。如果连自己都放弃，一味地等待救援，等待他人的救助，那注定结果是失败的。

（4）安妮的故事

看过《安妮日记》的人都知道，里面讲的是一个在"二战"时期犹太小女孩安妮两年的密室生活。

在安妮 13 岁生日后不久惨遭迫害。因为当时是法西斯主义，犹太人的处境极端艰险，所以安妮一家以及凡丹夫妇和他的儿子彼得·杜瑟尔医生，还有在安妮爸爸公司工作的克莱尔、米普、艾莉一起，他们搬到了在荷兰阿姆斯特丹分公司的后屋，安妮在日记里一直称它为“密室”。

安妮自从搬到荷兰以后，就一直生活在阴森的密室里。白天不能打开窗帘，怕别人看见。晚上只能打开一点点窗户透透气，但立刻就要关上。上午吃完早餐以后就不能用水了，因为隔壁会听到，再加上一家人脾气暴躁，经常大吵大闹。克莱尔的体弱多病，外面不断传来的犹太人被杀的消息，搞得大家心神不宁。

在密室生活的两年里，正处于花季少女时代的安妮，在极度的恐慌与不愉快下，在暗淡无光的密室里，度过了少女成长的关键时期。然而她却毫无办法，因为他们不管走到哪里，处处都会受到德国人歧视。战争的残酷令我们无法想象。

1944 年 8 月 4 日，在光明就要来到的时刻，纳粹分子冲进了公司的后屋，逮捕了这些犹太人，结束了他们两年的密室生活。最后，安妮以及她的姐姐、妈妈、凡丹夫妇一家、杜瑟尔都惨死在集中营里。克莱尔被送往德国服劳役，中途逃脱，只有安妮的爸爸活着走出了集中营。

惨淡的生活并没有改变安妮，她还是个爱说爱笑的女孩子。只是最终并没有一个完美的结局。但是从安妮的这些日记中，战争的残酷无情已经败露无疑，而安妮的坚强也展露在了我们面前。

在不同的环境氛围中，可能会让你朝着几种不同的方向发展。环境的改变，也可以让你的性格等改变。“环境的不同，成长也不同”，这句话不正是小说主人公安妮·弗兰克的真实写照吗?

在这个世界上，每个人都希望永远和正能量为伍，但天地间不能只有白天而没有黑夜。没人能够永远活在正能量的庇护下，最好的成长就是直面负能量，并打败它们。

第七章

能量的转换

任何自组织系统，意识世界，由于意识精神的相对性，自组织主体之间、自组织与环境之间，自组织内部都会有形式不一的正能量与负能量。一个组织、一个有机体、一个企业，要发展壮大，都是组织内部，组织与外部正负能量、好坏能量、健康不健康不同作用，彼此消失的过程。因此，掌握正负能量的特性，转换关系十分重要。

如何把握能量的两面性

在当今社会，正能量普遍受到大家的关注。而笔者却认为，更应该得到关注的，是那些负能量的人，只有帮助他们转换，才能在正能量的感召中，走向新生。但是有个问题，这个世界不可能总是正能量，因人太多，无私往往倒在自私的面前。如果好人是自私的，那么就可以用自己的力量感化世界，如果坏人是自私的，那么就需要更多的英雄。

先来看看下面这个例子：

有位秀才第三次进京赶考，住在一个经常住的店里。考试前两天他做了3个梦，第一个梦是梦到自己在墙上种白菜，第二个梦是下雨天，他戴了斗笠还打伞，第三个梦是梦到跟心爱的表妹脱了衣服躺在一起，但是背靠着背。秀才觉得这3个梦似乎有些深意，就在第二天赶紧去找算命的解梦。

算命的一听，连拍大腿说："你还是回家吧。你想想，高墙上种菜不是白费劲吗？戴斗笠还打雨伞不是多此一举吗？跟表妹都脱了躺在一张床上，却背靠背，不是没戏吗？"秀才一听，心灰意懒，回店收拾包袱准备回家。

店老板非常奇怪，问："不是明天才考试吗，今天你怎么就回乡了？"

秀才如此这般说了一番，店老板乐了："哟，我也会解梦的。我倒觉得，你这次一定要留下来。你想想，墙上种菜不是高种吗？戴斗笠还打伞不是说明你这次有备无患吗？跟你表妹脱了背靠背，然后躺在床上，不是说明你翻身的时候就要到了吗？”秀才一听，更有道理，于是精神振奋地参加考试，结果居然中了个探花。

同样地，还有一则小故事值得我们深思：

雨后，一只蜘蛛艰难地向墙上已经支离破碎的网爬去，由于墙壁潮湿，它爬到一定的高度，就会掉下来，它一次次地向上爬，一次次地又掉下来。

第一个人看到了，他叹了一口气，自言自语：“我的一生不正如这只蜘蛛吗？忙忙碌碌而无所得。”于是，他日渐消沉。

第二个人看到了，他也自言自语：这只蜘蛛真愚蠢，为什么不从旁边干燥的地方绕一下爬上去？我以后可不能像它那样愚蠢。于是，他变得聪明起来。

第三个人看到了，他立刻被蜘蛛屡败屡战的精神感动了。于是，他变得坚强起来。

就像秀才的 3 个梦和这 3 个人一样，任何事物都会有它的两面性，就看你怎么去对待。积极的人，像太阳，照到哪里哪里亮；消极的人，像月亮，初一、十五不一样。想法决定我们的生活，有什么样的想法，就有什么样的未来。所以，成功的秘密在于：有成功心态的人，能够处处发觉成功的力量。

当你成为正能量时，应该努力帮助正能量，就像伊能静给孩子的书信中说的一样：“所谓的慈善，帮助别人，最后都会回馈到自己身上，因为你们都将在一起。”

总之，当你有正能量时，请不要吝啬去帮助他人！你周围的邻居，你的城市，你的国度，你的地球，才有可能真的越来越像你希望的那样发展。

能量的对接与转换机制

正能量能够被生命接收，并且与生命的能量兼容，可以同频共振的能量，就是正能量；负能量能够被生命接收，但是不能与生命的能量兼容，对生命产生能量消耗，就是负能量。正能量和负能量以不同的频率来表达，一个人笑的声音与哭的声音不同，是因为笑的频率和哭的频率不同。正能量和负能量是相对而言的，在敌我矛盾中无法简单地确定能量的性质。正能量和负能量可以互为转换，如“破涕为笑”“化敌为友”等都是能量转换的结果。

人的广义能量来自于意识系统，能量分为正能量和负能量，正义的能量和邪恶的能量都很强，佛的能量和魔的能量都很大，所以能量的接收需要选择。如果什么能量都接收，身体的能量场会混乱，久而久之身体会生病的。

能量的接收最容易影响人的情绪，人接收了正能量会产生愉悦，如果接收了负能量就会觉得不舒服。能量对人的影响只要 1 秒钟就够了，甚至更短的时间，身患重病的母亲听到儿子的声音立刻好了一半，人在听到噩耗的瞬间会晕倒，这就是能量对人的影响。

每一个人都有相对固定的频率和能量，频率可以改变，能量可以不断地加强。频率和能量都是看不见，摸不着的东西，它需要慢慢积累，长期沉淀，能量会不断地增强，无形的东西才是最厉害的。有形的东西是可以模仿和伪装的，只有真正骨子里的东西才是恒久不变的。

正能量是往上升的，向外散发的，负能量是向里收的，向下降的。当负能量在身体里积聚太多的时候，会向外无情地发泄，既伤害自己，又伤害周边的人。能量是随时可以对接的，能量弱的人可以向能量强的人接收能量，这是最快提升能量的方法，如参加一些高端的会议、听权威人士的报告、参加庆功会、参加法会等，都会增强自身的能量场。能量强的人如果经常和负能量的人在一起，能量会迅速减弱，如打牌赌博、抽烟喝酒、自私狭隘等，正能量越来越少，负能量越来越强，都说女人是祸水，其实坏习性才是真正的祸根，中国有句古话“积善之家必有余庆，积恶之家必有余殃”，这就是长期能量对接的结果。

一个人如果希望一亿个人好，那么就有一亿个人感激他，喜欢他，信任他，这么多的正能量聚集在一个人身上，想象一下这个人的能量会变得很大很大，以后做任何事情都会一帆风顺，心想事成。如果一个人非常自私自利，身边所有人都不喜欢他，不信任他，甚至讨厌他，那么这个人每天都会接收很多的负能量，可以想象这个人在以后的日子里会事事不顺，工作、生活都障碍重重，运气自然不好。

懂得能量传递的规律，可以有意识地接收正能量，拒绝负能量。人的能量场是可以屏蔽的，比如，我在某一天晚上去银行存钱，我的车子停在自行车道上，几分钟后我出来准备回家，前面开来一辆宁波牌照的宝马车。我是顺行，对方是逆行，按理说宁波车应该向后倒车，可是车上的女人下来命令我必须往后退，我说不能逆行的，她听了大发脾气：“为什么不后退？我每天都是这样开的，怎么啦？你凭什么不让我开过去？”她叫男司机下来，估计是她的丈夫，她来开车，意思是无论如何都要逆行开过去。

我问她：“你的驾照怎么考出来的？”她说她已经开了20年车了，我一听就明白，碰到一个不可理喻的人了，睁眼说瞎话，30岁的人，你能相信她开了20年的车吗？于是我就把车子开到自行车道边上高高的人行道上，因为人行道比较窄，我努力停到靠墙脚。

她站在前面大叫：“不行，没用的，我开不过去，要不你来帮我开过去。”

我没有理她，我停好车等着她开过去。

她看看可以开，就逆行开过来，开到我的车窗边狠狠地对我说：“你为什么不往后退？有毛病。”说完就快速离去。

和我同去的彭总气得骂了一句话，我马上告诉彭总不要说粗话。彭总

埋怨我太好欺负了，他说：“要是在北方，我开车就撞过去！”

我问彭总：“把她车子撞坏了对我有好处吗?”其实我的意思是说，车子有灵性，如果撞了，整个能量场就变了，我要爱护车子，开车才会安全。

我没有生气不是因为我脾气好，是我不想把她的负能量对接过来，如果我和她吵架，就会把她的负能量对接过来，我会生气，难过，心情不好，我不和她吵架，让着她又没有损失，我很高兴，觉得自己做对了事情。其实她已经很可怜了，那么容易生气发火，脾气不好，已经是一种惩罚，最可怜的是她身边的人，每天都要接受她的负能量的伤害。一路上我念咒替她忏悔，感谢她磨炼我的心志，让我有机会修忍辱。

人的能量是一种动态，无时无刻不在对接，任何东西都有灵性，哪怕是一张纸也不要轻易跨过去，应该把它捡起来，你会得到正能量。有人认为东西没有灵性，就随意地对待他们，比如关门，有人不用手关门，而是用脚踹门，门也是会生气的。在公共场所，有人会把包放在椅子上，看着别人站在边上丝毫没有公德心，让人唾弃。我在开车时经常看到行人没有安全意识，随意闯红灯，这种不怕死的行为会招来很多人的骂声，无意中接收了很多负能量。所以人的公德心非常重要，做任何事情都要考虑他人的感觉，人只有把负能量放下，把内心世界的爱升起来，正能量才会释放出来。

宇宙具有的巨大的能量来自太阳，人是宇宙的产物，宇宙的能量有多大，人的能量就有多大。宇宙的变化都是有规律的，人的成长也是有规律的，地震、海啸的能量很大，人内心的能量也是很大的。很多大德高僧可以在打坐时腾空而起，世人觉得不可思议，其实用能量来解释很简单，就是正能量足够强大，自然会升起来。现在的人欲望太多了，内心浮躁，负能量积聚太多，让本能的天赋慢慢消失了，人的直觉随着身体正能量的增强变得越来越敏感。如果心无挂碍，就可以和宇宙对接能量。

负能量也有正向功能

社会负能量是产生于社会之中的，并且一般来说对社会产生消极影响。必须承认，社会的确存在负能量，这是一种专门破坏社会的力量，比如冲突、战争、贫困、疾病、瘟疫和自然灾害等。

社会负能量具有以下特点：一是隐藏性。平时看不出来，只有到爆发的时候才显现出来。二是爆发性。像隐藏在地下的地震，会突然爆发。三是非预告性。社会负能量的爆发，虽然有时也会有些蛛丝马迹，但基本上不具可预告性。四是破坏性。上述隐藏性、爆发性、非预告性的特点，决定了社会负能量的破坏性。

各级政府对待社会负能量，有的对它拒不承认，有的对它施以高压，这些政策或应对都是错误的。明智的办法应是承认它、疏导它、化解它，让它有一个合法的出口。只有这样，社会负能量才能得到及时有效地释放，不然会越积越多，可能在未来会形成总爆发的局面。

一般来说，正能量具有正功能、负能量具有负功能，这是十分自然的。但是，正能量具有负功能，负能量也具有正功能。

有些社会负能量，如群体性事件、突发事件，也不能说其功能完全是负面的。它们产生于对官僚主义、官僚作风的不满；它们的顺利解决又有助于改变干群关系、转变干部作风、促进社会和谐。社会负能量本身是负面的，但是如果处理得当，它的结果却就是正面的，把坏事变成了好事。对待这样的社会负能量，要学习以“祸福倚伏、好坏转化”的辩证思维看待，转化的关键在于妥善处理各种关系。

社会负能量也有它对社会的贡献。社会负能量其实具有以下功能：第一，社会负能量提醒人们，事物有两个方面，不仅要看到正面，同时也要看到反面。第二，它的存在，对于完善行动策略制定具有现实意义。它是我们在制定行动策略时必须考虑的一个重要方面。第三，有了社会负能量

概念，我们在制定行动战略时就是完全的、整体的，而不是片面的、破碎的。

让负面情绪转变成原动力

人的意念力来自人类自身，来自人体的能量场，但人的这一能量场会随着后天不断产生的欲望而减弱。减少欲望，保持心态的平和，多做善事能增加这一能量场。可以说德行是人体能量场的源泉，修炼人炼什么，就是修炼人的心性和德行。人的意念即信念越专一，这个力量就越大。这也就是人们为什么常说“心诚则灵”的道理。为什么胆大的人做事容易成功？是因为胆大的人做事果断，意念专一，所以，只要念头正，越单纯越好，越单纯越容易成功。而生性多疑，优柔寡断的人做事很难成功。比如一位情绪稳定的员工，不单受上司下属欢迎，在面对难题挑战时，也能冷静处事，发放职场正能量。

情绪本身没有好坏之分，好坏只在于如何处理，从而引发出什么效果；即使是负面情绪，也有正面的作用。职场中人可以重新审视某些常见的“负面”情绪，然后转换角度，考虑一下它们可以如何转化为积极的正能量。

（1）生气情绪的转换

生气是一种高能量的情绪，可以用来帮助职场中人做出反应并采取行动，使职场中人能够克服那些本不可逾越的障碍和困难。生气经常与不喜欢的情况相连在一起，它为个人提供能量，使职场中人能采取行动，对障碍和困难做出反应。生气可以令人产生一鼓作气的力量，冲破平日受制的框框，所以生气也可以化成一股追求成就的正能量。

（2）悲伤情绪的转换

悲伤是一种能促进深层思考的情绪，能让人更好地从失去中取得教训，从而更珍惜目前所拥有的一切。悲伤情绪让人学会冷静，得到一段独自相处的最佳时间。职场中人应明白取得成就需要付出代价，明白化悲伤为力量的智慧。

（3）后悔情绪的转换

职场中人从后悔中找到自己错失的原因，找到工作未能达至最好效果的理由，提醒自己要找出一个更有效果的做法。因为有了后悔的感觉，才会清楚个人在职场内处事的价值观和轻重缓急的排序，所以后悔有助提升重整旗鼓的动力。

（4）恐惧情绪的转换

恐惧也是一种高能量的情绪，可提高神经系统的灵敏度，并且可以令个人的危机意识增强，提高对工作潜在问题的警觉性。恐惧可以激发职场中人学习及努力的上进心，以获取相关的知识和资讯，它还使人具有迅速做出反应的能力，在必要情况下采取适当的方法，甚至暂时逃避，以便减低伤害程度。一些职场中人经常接触到的“负面”情绪，只要能够善于开导，以转换角度的思维方式处理，那么工作时遇到的情绪波动，也会变成正面的能量。

（5）内疚情绪的转换

这是一种与评估是非对错连在一起的情绪，如果我们没有其他的方式来评估与价值有关的行为，内疚可限制我们的选择范围。当明白了这个道理，我们就能用更富建设性的评估方法来取代内疚。

（6）害怕情绪的转换

它促使我们对所期望的东西进行重新评价，以及重新调整实现期望所需要采取的方法。

（7）失望情绪的转换

发生在已有期望的目标，但又没法实现的时候。失望促使人对期望重新检讨，并对实现工作目标所应采取的方法，重新做出调整修正。

（8）讨厌情绪的转换

当讨厌情绪出现时，其实是帮助我们去找出改变的方法，只有转换做法，才可以改变讨厌的感觉。

与正能量做最好的朋友

人活在世，常常有不公之事，丢了工作，是与那份工作的缘分到头，别难过，下个与你有缘的工作正在等着你；好朋友走了，不再来往，不要为他的离去而过分伤心，缘分到了，留是留不住的；亲人离开了人世，伤心后告诉自己，缘分尽了，该走的都是天意。做到随缘，人就可以在逆境中保持一颗平常的心。

看了电视剧《梦里花落知多少》，对于里面的主人公，我们想必都是很熟悉，但是还记不记得里面的一个配角——小茉莉，一个表面上看起来是那么纯洁的女孩子，实际上是个“三陪”，清楚地记得她在陷害了林岚他们之后说：“我恨他们，我恨他们！”因为从一开始林岚他们有着大把大把的零花钱的时候，小茉莉就在干粗活，他们还瞧不起小茉莉。其实，就算你高高在上，也没必要瞧不起那些不如你的人，小茉莉说“我不觉得自己可耻，因为钱是我自己挣的”，而他们呢？这就是生活的不公平，一些人可以不劳而获，一些人任劳任怨却没有好报，这是很正常的，只是很奇怪，我就从来没有嫉妒那些条件比我好的，也从来没想到让他们不好过，我只是想自己努力，让未来好一点。

有人说，老天给一个人的好和坏是一半对一半的，那如果我们现在遭遇的是不好，那后来的就全是好的了，其实也知道这只是对自己的一个安慰，但是生活在世不就是为了好好生活吗？何必对那些不公平耿耿于怀？相信未来，如果陷于那些不公平带来的坏心情，又如何能快乐起来呢？所以，还得看开，我们要把不公平作为一次生活的挑战，相信自己能给自己一个公平。

活着的方式是每个人的选择，活着舒适度便是活着的意义。活着时我们常常受困于钱，钱会限制一个人诸多理念，于是，你会渐渐因为钱而积聚诸多负能量，你可能会面对亲人的忽视，朋友的远离，情人的离别，工作的错落。只有你经历了无数的考验，你才能更明白，负能量处在这个世界诸多的领地，放眼望去，每个地区，每个家庭，每段时间，都有无数的人需要帮助，如果帮助别人，也可以称为一种意义，那么帮助自己成为正能量，便具有非常实际的人生意义，因为你如果找到了一种方式去引领飘散于街，恍惚于世的灵魂，黑暗的灵魂，同样可以成为正能量最好的朋友！

用正能量战胜人性之恶

究竟有多少人之初性本恶，我们无从考证，但是我们知道，贪欲造成的不公的分配，自私自利的心境，存在于人性，这可能是某个民族，也可能是整个人类的内心。当看到雨天怒吼的男子时，我知道，他内心有无限的痛苦，只是我们没有勇气走上前去，关心他的伤心。人与人的互助，才可能铸就一个强大的群体。不得不反思，为什么负能量，往往战胜正能量？正能量的伸张，需要一个漫长的过程。

彼此的关心，无利益的牵引，是否是一个真的很困难的跨越？信仰是必需的东西吗？我们的信仰是什么？不知道自己能否做好，因为生命就是面对各种可能，努力平静便是你需要研习的修行。人没有了激情，大海平静了，还会有巧克力派吃吗？小白还记得我吗？佛祖眯着眼，为什么不说话？因为他也不知说什么好，不如你们自己悟吧！生活仍在继续！

> 有一对兄弟，他们的家住在80层楼上。有一天他们外出旅行回家，发现大楼停电了。虽然他们背着大包的行李，但看来没有什么别的选择，于是哥哥对弟弟说："我们就爬楼梯上去！"于是，他们背着两大包行李开始爬楼梯。
>
> 爬到20楼的时候他们开始累了，哥哥说："行李太重了，不如这样吧，我们把行李放在这里，等来电后坐电梯来拿。"于是，他们把

行李放在了20楼，轻松多了，继续向上爬。

他们有说有笑地往上爬，但是好景不长，到了40楼，两人实在累了。想到还只爬了一半，两人开始互相埋怨，指责对方不注意大楼的停电公告，才会落得如此下场。他们边吵边爬，就这样一路爬到了60楼。

到了60楼，他们累得连吵架的力气也没有了。弟弟对哥哥说："我们不要吵了，爬完它吧。"于是他们默默地继续爬楼，终于80楼到了！兴奋地来到家门口兄弟俩才发现，原来。他们的钥匙留在了20楼的行李里了。

有人说，这个故事其实就是反映了我们的人生：20岁之前，我们活在家人、老师的期望之下，背负着很多的压力、包袱，自己也不够成熟、能力不足，因此步履难免不稳。20岁之后，离开了众人的压力，卸下了包袱，开始全力以赴地追求自己的梦想，就这样愉快地过了20年。可是到了40岁，发现青春已逝，不免产生许多的遗憾和追悔，于是开始遗憾这个、惋惜那个，抱怨这个、嫉恨那个，就这样在抱怨中度过了20年。到了60岁，发现人生已所剩不多，于是告诉自己不要再抱怨了，就珍惜剩下的日子吧！于是默默地走完了自己的余年。到了生命的尽头，才想起自己好像有什么事情没有完成。原来，我们所有的梦想都留在了20岁的青春岁月，还没有来得及完成。

正能量的关怀适合坦途的赏花者，而负能量的刺激适合绝壁的攀登者。假如我想要正能量关怀下的成长模式，也许出生在美国会好一点。不过，如果投胎时有模式可选择的话，我很可能仍然会选择出生在中国，而且是普通家庭，和现在一样。

小A所在的高中学制平均4年，因为很多人复读，有些人复读了不止一年。他们把复读班叫作高四。每当高四开学的第一天，班主任就会对大家说："没有读过高四的高中，是不完整的高中；没有读过高四的人生，是有缺憾的人生。"

小A也有一个同学，心气很高，非清华北大不读，当年也黯然折戟，读了高四，期间不得不忍受周围的各种负能量声音：“一直都说他成绩好，结果别人都考上大学了也没见他考上。”“清华不是那么好考的，以为自己有点小聪明就敢报清华了？”

小A高四之后去了中国科技大学，再之后在美国攻读博士，想来早已不再把清华北大太当回事了，而老家那些人，到今天仍然将清华北大奉为一种传说。

每一个从负能量包围圈中成功脱逃的人，期间忍受的辛苦、心酸都是无法对外人言明的。而一个人每次对自我的极大突破，莫不是源自孤身从负能量的十面埋伏中杀出。这个过程对你的胆气、心力的锻造，足以让你脱胎换骨。当然，你也可能就此挂掉、沉沦、被征服。而万一绝处逢生，它将给你带来巨大的快感，能让你瞬间顿悟成长的真谛。一场惊心动魄的逆袭，要比毫无悬念的完败精彩太多，也诱人太多！

正面思考带来的能量转换

一天，上小学的儿子回到家里，闷闷不乐。爸爸便问他：“发生什么事了？”

儿子回答：“爸爸，我这次的英语考试没过关，我真是没用。”说完，眼泪就流了下来。

看到儿子垂头丧气的样子，爸爸知道：当儿子说出自己没用这句话时，他所进行的是负面思考。于是，爸爸说：“儿子啊，爸爸上学的时候，有一次数学考试也考得不好，但我没有灰心。我在周记中写道：‘这次数学考得不好没关系，我要好好考，看下次数学能考多少分。’结果，老师在班上表扬我有志气，而且还当场从手提包里拿出一百元来奖赏我。这件事让我也学到了两个道理：第一，人是会失败的；第二，只要我好好努力，我会成功的。好，你现在跟我再念一遍——只要我好好努力，我会成功的。”

“只要我好好努力，我会成功的。”儿子跟着他念了一遍。

不久后的一次偶然机会，爸爸发现儿子在周记上也写下这么一段话：“我想考试的目的是看同学在上课的时候是不是认真学习。如果认真的话，成绩就考得不错，如果上课不认真的话，成绩自然就不会好了。我觉得我很用功，但还是考得不好。大概是我太粗心了。下次考试我一定要认真复习，考得好名次。我发现这次大家的实力都差不多，如果有一点粗心大意就考得不好了，所以下次我要认真考试，我要考进前十名，不要让爸爸妈妈失望。我一定要争回我的荣誉！”

儿子的一番豪言壮语令爸爸欣慰地笑了。他说：“我发现我的价值观在我儿子身上慢慢发酵了。这个重要的价值观就是正面思考。”

学会正面思考，不仅在生活中可以给人以帮助，在工作中也一样会大大地提高工作效率。如果公司的管理者能够引导员工正面思考，那么员工就会有更多更好的表现。一个时刻保持着正面思考的人，在他遇到问题时，就会产生解决问题的企图心，并努力找到方法正面迎接挑战。如果是一个负面思考的人遇到挫折的时候，他就会被这个负面情绪打败，最终选择退缩与报复。

巴雷尼小时候因病成了残疾，母亲的心就像刀绞一样，但她还是强忍住自己的悲痛。她想，孩子现在最需要的是鼓励和帮助，而不是妈妈的眼泪。母亲来到巴雷尼的病床前，拉着他的手说：“孩子，妈妈相信你是个有志气的人，希望你能用自己的双腿，在人生的道路上勇敢地走下去！好巴雷尼，你能够答应妈妈吗？”

母亲的话，像铁锤一样撞击着巴雷尼的心扉，他“哇”的一声，扑到母亲怀里大哭起来。

从那以后，妈妈只要一有空，就陪巴雷尼练习走路，做体操，常常累得满头大汗。

有一次妈妈得了重感冒，她想，做母亲的不仅要言传，还要身教。尽管发着高烧，她还是下床按计划帮助巴雷尼练习走路。黄豆般的汗水从妈妈脸上淌下来，她用干毛巾擦擦，咬紧牙，硬是帮巴雷尼完成了当天的锻炼计划。体育锻炼弥补了由于残疾给巴雷尼带来的不便。

母亲的榜样作用，更是深深教育了巴雷尼，他终于经受住了命运给他的严酷打击。他刻苦学习，学习成绩一直在班上名列前茅。最后，以优异的成绩考进了维也纳大学医学院。大学毕业后，巴雷尼以全部精力，致力于耳科神经学的研究。最后，终于登上了诺贝尔生理学和医学奖的领奖台。

正面思考可以说是一种观念上的“环保”，也是一种良好的习惯。当一个懂得正面思考的人，不管遇到任何困难，都能保持愉悦的心情，排除凶险。所以，时刻保持着正面的思考态度，才可以赢得生活与事业上的成功。当我们面对同样的问题，我们会给出不一样的答案，当我们面对同样的困难，我们也会做出不一样的选择。在困难面前，我们会积极地去寻找办法来解决，但有些人会选择回避、放弃。在错误面前，把责任推到其他人身上，自己却不主动的承担相应的责任，这种行为是负面的，然而人们在遇到挫折的时候，常常会产生负面思考。而只有少数的成功人士会越挫越勇，学会正面思考。

我们的成功与失败，取决于思想上的成败，而思维方式是一种选择，我们可以用积极的思想对待事物，也可以用消极的思想对待事物。成功与否也就在于我们是选择积极的还是消极的思维方式来思考。学会了正面思考，就好比掌握了一把思想的钥匙，他能帮我们打开成功道路上的枷锁。正面思考可以带来无穷尽的力量，坚信解决的办法总比困难多就足够了。

正负能量转化的实证

任何企业、组织、人生，在成就事业的道路上不可能是一帆风顺的，其每天打交道都会有各种各样的能量，如正负、好坏、真伪等，一切皆有。事业要成功，企业要发展，就看你如何让识别、转化和弘扬，对你有利的能量，善用、巧用对自己对组织反向的负能量。正负、阴阳、善恶的能量也不是一成不变的，常常会随着环境、时间的变化而变化，就看你如何去把握。

下面这几个例子，就是正负能量发生转化并带来重大结果的实证。

（1）流失正能量的英雄项羽

《鸿门宴》想必大家都看过，刘邦、项羽之争的事迹绝对堪称千古佳话。尽管韩信也堪称一流的战略家，但如果光斗勇不斗智，或许韩信根本不是项羽的对手。

想当年项羽率领的楚军过河烧船，破釜沉舟，其实人体的潜能已放大到了极致，特别是其“置之死地而后生”的意能绝杀，以致弥补了物质力量上的严重不足，3 万楚军击败了 30 万秦军，取得了“巨鹿之战”的胜利。

可是在“垓下之战”中，楚军当时有 10 万之众，那时的韩信部队也就 30 万左右，其他部队加在一起也就 40 万，为什么这个时候的楚军反而打不过汉军，失去了“巨鹿之战”时的能量放大呢？因为当时的楚军人心思归，军心动摇，在“四面楚歌”的攻心战冲击下不要说意志能放大，就是原有的能量也怕是保不住了，以致最后霸王别姬，催人泪下，勇冠三军的项羽也只是落得个自刎乌江的下场。

在反秦战争中，试想英雄项羽何等力拔山兮。可是“垓下之战”，正能耗尽，虞姬自杀，负能灌顶，以致全军覆没，西楚灭亡，刘汉大兴从此开局。“巨鹿之战”兵力有限，但能“置之死地而后生”，把坏能转化成了巨大的正能量，使几万项军创造奇迹，推翻了强秦。由此可见，一正一负竟能起到如此巨大的作用。

（2）张良出入仅在一线间

张良是西汉初年刘邦的重要谋臣，与韩信、萧何并称为“汉初三杰”。他上知天文下知地理，并懂阴阳和奇门，“运筹策帷帐之中，决胜于千里之外”，表现出超人的机智谋划、文韬武略。后世敬其谋略出众，称其为“谋圣”。他的主要贡献在于：降宛取蛲，佐策入关；谏主安民，斗智鸿门；明修栈道，暗度陈仓；下邑奇谋，画箸阻封；虚抚韩彭，兵围垓下；劝都关中，谏封雍齿；假托神道，明哲保身。

张良助高祖刘邦创汉朝四百年之基业，而在功成名就后却退隐山林随赤松子交游。关于张良的处世之道是最为后世人所称道的，可以看出是将“入乎其内”与“出乎其外”统一结合起来的典范。实则不然，张良之所以选择离开相信是“兔死狗烹，鸟尽弓藏”的成分居多吧。

张良明哲保身的这种觉悟不是一般人可以做到的，无论哪朝哪代功臣都没有好结果，大家都认为自己立下了多少功劳就应该得到多少封赏，恰恰这种思想害了自己。站在帝王的角度看，人家都来瓜分你的江山，你会乐意吗？所以谋士和功臣是只有打江山的命，没有享受清福的命。

入世与出世属意识形态的范畴。入是为今后的出服务的。古语有云：“淡泊以明志”，晋陶渊明“采菊东篱下，悠然见南山。”其心中那份淡泊已然达到人生至高境界，似乎可称得上出世第一人。殊不知，陶翁归隐之因乃是不肯为五斗米折腰耳，受不得上司之约束。大丈夫能屈能伸，进退有序，而陶翁竟辞官而去，置黎民百姓于不顾，岂能说是其心胸狭隘？

况且中国古代知识分子常以“学而优则仕”为诫。李白一生追求功名，希望能在政治上一展抱负，其结果终未能如愿。至晚年仍入仕永王李璘幕僚，后被流放，中途遇赦。“安史之乱”后，唐朝的国力开始衰退，政治日渐腐败，可李白未有退隐之心，仍力求一展抱负，救苍生于危难。可见李白心中没有入世与出世之分。

佛语云：“空即是色，色即是空。”“出即是入，入即是出。”出与入本在一线之间，贯穿与人的一生之中，只是须从那个角度来看。也就是说，好能坏能、正能负能，对企业、对个人、对国家皆是常事，如果学会转化，学会管理，就会使坏能变好能，负能变正能，就能无往而不胜。

（3）大唐帝国何以由盛转衰

大唐帝国本处于中国封建社会历史发展的高峰期，可在唐玄宗李隆基的天宝年间，大唐帝国却发生了震惊全国的“安史之乱”，一下子使李唐王朝元气大伤，从此走向了衰落。

“安史之乱”以后唐王朝国势中衰，这一点主要体现在两个方面。第一点非常显然的就是藩镇形成，为安抚未能全部消灭的安史余部，唐室只好封他们为地方的节度使。他们拥有军、政、财等各项大权，成为地方上的割据势力，对唐室之中央集权构成威胁。

还有一点就是宦官专权。“安史之乱”期间，宦官李辅国拥立肃宗，唐肃宗死后又册立唐代宗；至平乱后期，唐室任宦官鱼朝恩为军官；平乱以后，唐室又以宦官制衡藩镇、统领禁军及到各地担任监军，以致唐中叶以后，宦官得掌军政大权，操纵唐室的政局。

应该说李隆基在前辈手中继承的“有形、无形资产”都是一流，可是自从迷恋上了“妖艳”的杨贵妃，经常不理朝政，在他的眼里，江山的总能量已经远远小于杨贵妃的“妖艳”之能，使这位被美色冲昏了头的皇帝分不清“妖艳”是正能还是负能了。

应该说杨贵妃很“美”，这种美是正能量。但唐玄宗不会管理这种“美”能，美能过度放大了，成了负能，从而使伟大的正能量的盛唐由于“安史之乱”一下子走向了衰败，一个伟大的帝国从此走向了没落、腐败、动乱。

总之，大唐“开元盛世”其国家智能达到中国顶峰，可是由于李隆基不会管理杨贵妃这个能量，导致其由正变负，加上“安史之乱”的巨大冲击，便在一夜之间走入了低谷。这也是意能不守恒的最好注脚。

（4）刘伯温功成身退取上策

刘伯温名刘基，青田县南田乡（今属浙江省文成县）人，故称刘青田，元末明初的军事家、政治家、文学家。刘伯温通经史、晓天文、精兵法。他辅佐朱元璋完成帝业、开创明朝并尽力保持国家的安定，是明朝开国元勋，因而驰名天下，被后人比作诸葛武侯。朱元璋多次称刘基为："吾之子房也。"中国民间广泛流传着"三分天下诸葛亮，一统江山刘伯温；前朝军师诸葛亮，后朝军师刘伯温"的说法。他以神机妙算、运筹帷幄著称于世。

对于刘伯温，民间传说中都把他与"推背图"联系在一起，颇有一点神秘色彩。野史中有这样的说法：刘基在青田山洞石函中拿到4卷藏书，难以通解，遍游深山古刹，访求高人指点。遇到一派仙风道骨的老道士，就跪拜恳请指教。两人闭门讨论七昼夜，穷尽"壁中书"的要旨。临别之际，老道士告诫说："凡是天人授受，因才而异，从前张良、诸葛亮得到六成，我得到八成，如今你才得到四成，已经足以澄清浊世了。"这当然是传说，姑妄听之而已。

朱元璋打下浙东，仰慕刘伯温的才学，与章溢、叶琛、宋濂一起被召到身边，尊称为"浙东四先生"。朱元璋召见到四先生，问道："如今天下纷争，何时能定？"

章溢说："天道无常，只有德高望重、不嗜杀人者能够统一。"

刘伯温则条陈《时务十八策》，非同凡响。

一天，朱元璋问郎中陶安："这四人和你相比如何？"

陶安说："臣谋略不如刘基，学问不如宋濂，治民之才不如章溢、叶琛。"

确实，刘伯温的谋略多有过人之处，在南征北战中，运筹帷幄之功最多。由于他是浙南青田人，受到李善长为首的淮西集团的排挤。明朝初年大封功臣，李善长封为韩国公，岁禄400石；刘基只封为诚意伯，岁禄240石；李善长官居左丞相，刘伯温不过是御史中丞，没有多大实权，难以施展手脚。开国不久，他就向皇帝请求告老归田，一般人百思不得其解，个中缘由颇堪思量。

为了都城的选址，朱元璋带领文武大臣到河南开封等地视察，指定左丞相李善长和御史中丞刘伯温留守南京。主张依法治国的刘伯温对李善长说：“宋元两朝由于法制过于宽纵而丢失天下，如今应该严肃纲纪，让监察御史无所避忌地弹劾违法的官员，宫内的宿卫和宦官如有过失，应该请示皇太子依法惩处。几天下来，官员们对他的严厉颇为忌惮。”

这时，中书省一个中层官员李彬贪赃枉法，刘伯温准备严办，李善长对于这个亲信一向眷顾，主张从宽发落。刘伯温不同意，但他毕竟是总理政务的首相，不能置若罔闻。足智多谋的刘伯温想出了一个点子，写了一份奏疏，派人快马加鞭送往开封，请示皇帝的圣旨。得到皇帝的圣旨，他立即把正在参加祈雨仪式的李彬就地正法。

李善长大为恼怒，等到皇帝回京后，抢先告状，说刘伯温竟然在祭坛前杀人，实属大不敬。怨恨刘伯温的官员，纷纷乘机弹劾。

朱元璋没有表态。几天后，他借天旱征求刘伯温意见，刘伯温认为，阵亡士兵的妻子全部集中居住在营房，达几万人之多，阴气郁结。另外，隶属于官府的工匠死亡后，暴尸野外，这些都足以“上干和气”。

朱元璋采纳了他的意见，采取了措施，十天以后仍不下雨，狠狠地训斥了刘伯温。

惹恼了皇帝和重臣，刘伯温意识到，离去的时刻到了。正好这时他的妻子过世，便向皇帝请求“告归”。洪武元年八月，当了几个月御史中丞的刘伯温以“致仕”的形式，告别政坛。

临行前，刘伯温就两件大事向皇帝提出忠告，一件是，针对皇帝有意把自己的家乡凤阳作为都城，直截了当地表示反对，认为凤阳虽然是皇帝家乡，但并非建都之地；另一件是，应该集中力量消灭元朝残余势力。

朱元璋接受了前一点，对于后一点有所忽视，措置失当，让蒙古军队逃回沙漠，成为北方边疆的大患。于是乎，朱元璋恍然大悟，这位“张子房式”的人物是不可或缺的，就在当年年底，写了亲笔信，把刘伯温召回南京，给予丰厚的赏赐，追赠其祖父、父亲为“永嘉郡公”。

朱元璋一如既往地信任他，视为心腹，每次召见刘伯温，屏退左右，长时间密谈。刘伯温也为知遇之恩而感动，知无不言，言无不尽。以前在战争时期，每每遇到急难，他勇气奋发，当机立断，人莫能测。现在太平了，他所谈大多是帝王之道，朱元璋洗耳恭听。

皇权与相权历来是一对矛盾，互相抑制，此消彼长。朱元璋是一个权力欲极强的人，喜欢大权独揽，对于李善长为首的淮西集团势力膨胀有所不满，抑制的办法只有一个——撤换李善长，另择丞相人选。这种重大人事变动，是绝对机密，只能和刘伯温商量。

刘伯温一听要撤换李善长，立即表示反对。于是君臣之间有一场推心置腹的对话。

刘伯温说：“李善长是开国元勋，能调和各路将领。”

朱元璋说：“他多次要害你，你还为他讲好话，如此高风亮节，我要任命你为丞相。”

刘伯温深知在淮西集团当权的情势下，他孤掌难鸣，很难在朝廷站稳脚跟，坚决辞谢。并且说了一段意味深长的话：“房屋如果要调换顶梁柱，必须寻找大树，假如用一束小树来当顶梁柱，房屋肯定倒塌。”

朱元璋又问：“杨宪如何？”

刘伯温并不因为和杨宪有私交而放弃原则，如实回答：“杨宪有丞相的才干，没有丞相的气度，丞相必须保持水一般平衡的心态，用义理来权衡一切，而不感情用事。这一点，杨宪做不到。”

朱元璋又问：“汪广洋如何？”

刘伯温说：“此人过于偏浅，还不如杨宪。”

朱元璋又问：“胡惟庸如何？”

刘伯温不屑一顾，用比喻的口气给予否定：“这就好比要一匹劣

马去驾车，我担心会翻车坏事。”

朱元璋提出的候选人都被一一否定，再次重申：“我的丞相人选，诚然没有一个超过先生的。”言下之意是请刘伯温出任此职。

刘伯温已经推辞过一次，见皇上再次提起，立即用坚决而又委婉的语气推辞，说明自身的弱点：“臣疾恶太甚，口无遮拦，一向闲散惯了，无法应对繁杂的行政事务，在这个位子上，恐怕辜负皇上的重托。天下之大，哪里会找不到人才呢？请明主悉心搜求。不过刚才提到的几个人，确实并不合适。”

这场君臣之间的对话，值得细细玩味。对于朱元璋而言，已经感受到以李善长为首的淮西集团对皇权的潜在威胁，希望“浙东四先生”之一的刘伯温取代李善长，起到平衡和制约的作用。对于刘伯温而言，逐渐领悟共同打天下易，共同坐天下难，再度萌生去意，仿效“汉初三杰”之一的张良，功成名就，急流勇退。因此一再婉言拒绝朱元璋的敦请，不想卷进权力争夺，以免招来杀身之祸。

能量，作为久存天地间的一种无形物质，数千年以来一直被应用于各代帝皇和皇宫事务之中，用以兴邦立业。刘伯温便是巧妙运用能量的典范，通过能量转换，功成身退，既保了君王，又保了自身。

(5) 懂得阴阳之道的曾国藩

曾国藩是中国近代史上备受人们关注的风云人物之一，据说自古以来，奇人降世常有异相，曾国藩也不例外，在他出生的那天晚上他的祖父梦见一条蟒蛇降临曾家，这是喜得贵人的吉兆。“巨蟒转世”的传说到后来是越传越神，甚至有人说曾国藩每到晚上就恢复蟒蛇的原型，并在睡觉的时候蜕皮生长，继续修炼。在当时，许多人甚至亲眼见过曾国藩的床上有些斑斑驳驳的“蛇皮”，这究竟是怎么回事呢？

被家人寄予厚望的曾国藩小时候读书却是个“菜鸟”，有笑话说他复习功课一夜苦读，在一旁蹲点儿的“梁上君子”都已经能背诵了，他却还是记不住那些简单的诗句。那么，生性愚钝的曾国藩最终又是怎么完成祖上几代人的梦想，荣登天子堂的呢？事实上，曾国藩是一个人情练达、洞悉世事的资深阅历者，无论是在人情险恶的官场、风云莫测的战场，还是修身、治家，他都有一套令后人所津津乐道的“做人哲学”。

曾国藩注重人格的修养，要求自己做到诚、静、敬、勤、谨，即以诚来约束自己，每天静坐，内心进行自我反思，勤奋和谨言慎行。他的一生都是在韬光养晦中度过，他认为在大胜、大利、大吉之时想到人生处处有惩处。曾国藩遵守阴阳之道，他把名利、荣耀看作阳，坎坷、失败看作阴，自我进行阴阳调和。

年轻时的曾国藩非常浮躁好动，好友唐鉴就送给他一个“静”字。唐鉴说：“若不静，省身也不密，都是浮的，总是要静……最是静字功夫要紧。”

静不下来，一切都是空的。问题在浮，静下来才有改过的可能。曾国藩说：“既而自窥所病，只是好动不好静，先生而言，盖对症下药也。务当力求主静，使神明如日之升也。”静能够使人舒畅，使人生有价值。

曾国藩其实并不聪明，他考了 7 年才考中一个秀才，然而他凭着自己的勤奋、克己修身，誉满天下，中进士后深受清代咸丰皇帝的信任，十年七迁，升为二品礼部侍郎。太平天国起事后，他又在母亲大丧期间夺情出山，受任于败军之际，在极其艰苦的条件下兴办团练，最终力挽狂澜，延续了大清王朝 50 年。

曾国藩一生奉行“为政以耐烦”为第一要义，主张凡事要勤俭廉劳，不可为官自傲。曾国藩有许多地方值得我们今天的人借鉴，他的家书值得每一位家长去品味；“战战兢兢，即生时不忘地狱；坦坦荡荡，虽逆境亦畅天怀”值得作为每一位为官者的座右铭；“旧雨三年精化碧，孤灯五夜眼常青”激励着无数学子发奋努力；而其坦荡的胸怀，更是很好地继承了中华民族的传统美德！

曾国藩当初与太平军作战也摸不着要门，可以说是“屡战屡败”，但他能反其道而用之，在给皇上表态中能“屡败屡战”，锲而不舍，正是正负能量转化的经典案例。

（6）驾驭能量的高手胡雪岩

晚清著名企业家、政治家，被称为“红顶商人”的胡雪岩，从500两白银资助王有龄开始，从而得到了日后王有龄的报恩，事业大顺，可以说他是驾驭政府能量的顶级高手。

胡雪岩是安徽绩溪人，幼名顺官，字雪岩。初在杭州城“仁德钱庄”做跑街，后因擅自借钱给官兵被开除，在湖州买卖粮食为生。后来在杭州设银号，又入浙江巡抚幕，为清军筹运饷械，1866年协助左宗棠创办福州船政局，在左宗棠调任陕甘总督后，主持上海采运局局务，为左宗棠大借外债，筹供军饷和订购军火。又依仗湘军权势，在各省设立阜康银号20余处，并经营中药、丝茶业务，操纵江浙商业，资金最高达2000万两白银以上，是当时的“中国首富”。获得慈禧亲授的红顶戴和黄马褂，成为历史上的第一人。后世人称：“为官须看《曾国藩》，为商必读《胡雪岩》。”

胡雪岩的成功，很重要的一条原因就是他善于用人，借助政府能量，亦官亦商。他说一个人最大的本事，就是用人的本事。清人顾嗣协曾有诗：“骏马能历险，犁田不如牛。坚车能载重，渡河不如舟。舍长以取短，智高难为谋。生材贵适用，慎勿多苛求。”诚如斯言！

一个成功的商人，在做人方面也一定是非常成功的，所谓“商道即是人道，人道即是商道。”只有这样融商道与人道为一体的商人才堪称后世楷模，只有这种人商合一的境界才可以说是商人的最高境界。经商不只是简单的钱货交易，大凡成功的商人都能看到钱之外的东西，并在此方面开动自己的商业智慧，为自己广开财路。

在商业经营过程中，一时的成功称不上成功，永久的成功才是真正的成功。商人以利为先，以赚取钱财为目的，这是无可厚非的，但财富不应通过欺骗而获得，那种只做“一锤子买卖”的商人，很难实现永续经营的目标。

商人应该学会为自己打造一口深井，毕竟商誉是取信于人的最佳途径。用胡雪岩的话说：“做生意怎么样的精明，三档的盘算，盘进盘出，丝毫不漏，这算不了什么！顶要紧的是眼光，生意做得大，眼光就要放得远……做大生意的眼光，一定要看大局，你的眼光看得到一省，你就做一省的生意；看得到天下，就得做天下的生意；看得到国外，就得做国外的生意。”

古人说：“下君之策尽自之力，中君之策尽人之力，上君之策尽人之智。”一个人竭尽自己的能力去完成一项事业，这是难能可贵的，亦必须要那样去奋斗。但是，一个人仅靠自己的力量是不明智的，必须要善于借助一切可以借助的力量，这样，才能更快捷地达到你所要的目的。

圆者，世故圆融，是一个商人必备的处世之道。许多商人因不懂圆润之道而自毁事业，这样的教训数不胜数。胡雪岩无论在商界、官场，都通晓左右逢源的道理，深知圆润通达之法，深谙方圆之道，只有这样无论做什么生意都能够从容应对，泰然自若，遇乱不惊，成就一番大事业。

第八章

能量的传播

传统的电能、热能、核能无法复制，而智能、意能、信息能常常可以复制。因此，在日常生活中我们懂得这个道理，就可以有选择性地把“正能量”带给别人，可以学会共享正能量，如好人好事、与人为善、真与实等；可以学会屏蔽、隔离负能量，阻止共复制、蔓延、再生。现实生活中，判别、选择、复制、共享正、负能量，亦是我们每个人的必修课。

复制快乐，是一种能力

能力是成功完成某种活动所必需的个性心理特征。实现快乐的能力既不可能与生俱来，也不可能自天而降，只能在社会生活中靠学习、靠思考、靠实践而逐步形成并不断发展提高。

世界上的事总是有一利就有一弊。深山老林虽然天蓝水绿，但老百姓饭碗里的东西却未尽可意；城里的物质五光十色、丰富异常，但烦躁与污染却时时惹人烦恼。事情就是这样：沙中有金、玉中有石，这是事物的辩证法，也是生活的辩证法。这就需要学会辩证思维，对事，用“两点论”。世界万物的有与无、聚与散、难与易、长与短、高与下、前与后都是相对而言并相互转化的，没有一成不变的事物。没必要碰到点不顺心、不如意的事情就唉声叹气、一蹶不振。要相信，事情总会向好的方面发展，风雨过后会有晴天，从而乐观对今天，快乐奔明天。

对于复制快乐，音乐家有独到的方法和感悟。音乐家格伦威·汉考克斯是世界知名的单簧管演奏家、指挥家和研究员。他着迷于研究音乐对人的影响，因此进行了一系列调查，看歌唱是否能使人快乐。在其中一项研究中，他对超过500多名合唱队员进行了采访。调查结果显示：唱歌使人更加快乐。

法兰克福歌德大学的冈特·依茨也对同样的问题进行了更缜密的研究。他去看了一场合唱彩排，让合唱队演唱了莫扎特《安魂曲》的一部分，然后让他们给自己的快乐指数打分。作为实验对照标准，一周后，依茨又一次在合唱队彩排的过程中破门而入，让合唱队听取同一段演唱的录音，然后再次衡量自己的快乐值。结果表明，听音乐并没有让人们感到更快乐，但是唱歌能让人感到快乐得多。

17 世纪的西班牙小说家、诗人塞万提斯也这么认为。他曾说过："欢唱能吓走人的疾病。"想想也不无道理。

对于复制快乐的原理的研究表明：在脑海中想象一些快乐的事情，会使人更加快捷、高效。

所以，请尽情微笑，让脚步轻快起来，高昂起头，快乐地说话、跳舞、谈笑、歌唱，做任何你喜欢的事情，这样正能量才能被驱动起来，将所有好的情境、人和事件带入你的生命中。或者，换句话说，如果你想要变得快乐，那就先得感觉美好，这样才能有吸引美好事物的能量。

快乐是能力，能力兴细微。只要日复一日，年复一年，好学不倦，慎思不断，明辨不止，笃行不变，快乐就如万山中来的溪水那样，与日俱增，且一路欢歌走向更加美好的明天。

正向思考带来的正能量

正向思考，积极向上的心态，吸收正能量，看似物质世界的自然规律与法则，其实也包含适用于人类非物质化的思想领域。

好日子，好情绪，良性循环；坏日子，坏情绪，恶性循环。"富人越来越富，穷人越来越穷""福不双降，祸不单行"，从这些话中可以悟出，要幸福是靠修行修出来的。比如祸事出现，再不惊醒，立马刹住，会出现连锁反应。正如所谓"修行像上坡，放纵如下坡"，上难下易，所以自然的规律是，凡是高精尖的都是少而精的。

食物链的顶层是老虎，大树尖的叶子是少数，因为它们要在遵守自然法则的基础上适度地冲击压力即地球引力。而对于人类来说，正确的逻辑

是这样的，我们的思想控制不了十字街头混乱的南来北往的汽车，但是我们可以控制我们有一个良好的情绪，有了这个良性正向的心理状态，你就可以心情轻松，身心神驾轻就熟地控制好外界的事物，自然就会回馈你良性循环。我们塑造了房子，房子塑造了我们；塑造好习惯，塑造坏习惯在于我们自己。

一大早起床不要让坏情绪主导思想，让一件不开心的事情伴随一天，让一件不开心的事情变成连锁反应的两个三个一串，这样一月、一年，最后变成了一辈子，就会形成一个失败的人生。回馈是自然规律现象，正回馈与负回馈，在于我们的选择。佛教说“种瓜得瓜，种豆得豆”，也是一种因果关系。明白这种道理的人、掌握这种规律的人是少数，参天悟道顺应规律的人，成了佛，成为少数精英，财富的“二八效应”就说明了这些。

我们眼睛所看到的外物是带有选择性的，带有主观意识的，在一连片广大的风景里，我们可以用心让眼睛聚集到一个小鸟或小草上面，忽视其他众多的存在，而照相机却不能，它只会全面地展现一切。

生活是个百宝箱，赤、橙、黄、绿、青、蓝、紫，重要的是你个人的取向。正如孔子所说的：“我欲仁斯仁至矣！”把思想带进正向思考的彼岸，就如佛教说的“普渡众生”到达的彼岸，禅宗“直指人心，见性成佛”，养心成佛到彼岸。

很多时候，锁紧我们的是我们自己的精神枷锁，能打开这枷锁的是我们自己的思想，人生的自由快乐，主要说的是心灵方面的。比如苏东坡看佛印禅师像一堆牛粪，说明他心里有牛粪，是他自己心性的反应，这就是“行为心声”的负面思考，带有负能量。心理活动支配身体行动，身体行动塑造各种心理与身体状态，想吃，会吃胖，想运动，会运动健壮。

赠人玫瑰，手有余香，对人微笑，收获微笑，这是一种正能量的回馈。应该每天怀着一颗真正无私敬畏感恩的心态，对待周围的一切。

用正能量锻炼你的身体

每年进入9月后，不少和健康相关的日子陆续到来，其中包括9月20日全国“爱牙日”和9月最后一个星期日世界“心脏日”等。这些日子的设立，都是在提醒着我们要关注自己的健康状况，从日常生活中做起，做个健康快活的人。

现代都市人每天都在忙碌中度过，不可避免地被来自生活、工作、学业等方面的压力所压迫。有健康机构在都市人群中做的调查指出，88.9%的人认为自己处在或接近“过劳”状态，53.3%的人对自己的身心状况感到“不太满意”或“很不满意”。很明显，都市人的健康问题已经十分严峻。

在面对可能或者已经出现在自己身上的健康危机时，你是如何应对的呢？与其看着身体状况每况愈下，不如在工作之余采取以下积极的改善方法，为自己的身体注入健康的正能量。

（1）锻炼身体的方法

我相信没有人会争辩锻炼和健康之间的紧密关系，坚持锻炼最为重要。无数的案例都指出，运动锻炼对健康的作用巨大，它能够调节情绪，增进身心健康，治疗身心疾病。健康是前提，也是不变的主题，不管你追求怎样的生活方式，健康应该是第一位，作为一种时尚去追求和拥有。

有专家指出，不同的人群应选择不同的运动方式，要根据参加健身活动者的体质、健康状况，以及运动处方的方式确定运动形式、运动强度、运动持续时间、运动频率，并严格遵循运动处方以及运动的基本原则进行活动。比如说，想要减肥的人应该在调整饮食结构的前提下，选择跑步、羽毛球等有氧训练；若以健身为目的的，行走、健身跑、原地跑、上下楼梯、跑台阶等运动。但进行这些运动锻炼，关键在于坚持，锻炼次数每周锻炼不少于3次，最好能将锻炼形成生活中的一部分，坚持每天锻炼1次，

每次半小时为宜。

（2）合理膳食的方法

除了身体锻炼，制订健康的饮食计划也很重要。有一项来自澳大利亚的研究发现，经常吃天然食品（如水果、蔬菜、全麦食物、瘦肉和鱼）的女性，在身体上获得的正能量比那些经常吃垃圾食品的人要多，而出现焦虑情况甚至会减少 32%。我们都知道，维生素、矿物质，还有食物中其他天然成分对大脑有药物一般的作用，能帮助大脑更好地运行。这些研究都表明，改变自己的饮食习惯，为自己拟订一个健康的饮食计划，多吃些天然食品，少吃甚至不吃垃圾食品很重要。

时尚达人 Joey 拥有令人羡慕的好身材，但她认为自己并没有在刻意减肥，而是选择通过健康的吃法来维持身材。Joey 为自己制订了一个饮食计划，计划包括：健康的早餐，一般是粥搭配香蕉或者面包圈等，但坚决拒绝炸薯条等煎炸食物；午餐通常是米饭加健康沙拉，因为米饭可以增加饱腹感维持能力供给，而新鲜沙拉能提供抗氧化素，保持健康；至于晚餐，Joey 说由于工作的关系，很多时候都会到外面餐馆应酬，但她也坚持选择健康的食物，如豆腐、蔬菜、鲜肉等进行健康搭配。

Joey 还会在一星期里选择一天进行素食，帮助身体除去多余的垃圾。Joey 说，刚开始实行计划时，曾经有过放弃的念头，但坚持下来以后，她发现身体不断向自己发出赞美的信号，身体的健康状况真的比从前好多了。

（3）调适心态的方法

除了锻炼身体和合理膳食，其实最重要的是学会达到身心平衡。近年来，时尚界 T 台上模特们因为过瘦而晕倒，甚至身体发出健康信号警告灯等事情偶有传出，模特们这种在体型上一味追求越瘦越好，显然是一种歪曲了的心态。身体都不健康了，何来谈得上给人美的享受呢？因而，学会在身心间找到一个平衡点，通过树立一个良好的心态，对身体健康自然有所帮助。

白领林小姐用于激发自己健康正能量的方法有点特别，那就是冥想。冥想，这种被称为放松与健康的艺术，近年来越来越受到都市人群的欢迎，成为了又一新兴的减压方法。林小姐说，前段时间在工作上感到压力特别大，在朋友的介绍下她尝试用冥想来减压，通过为自己创造一个宁静的空间去进行思考，感知一个美好的世界，让自己沉浸在抛开万物的真空状态，找到心灵和身体的平衡点。

做一个正能量的传播者

随着正能量这个词语的出镜率、搜索率逐渐上升，到了 2013 年和 2014 年，已经成为最炙手可热的词汇。正能量，本来是一种天文学术语，以真空能量为零，能量大于真空的物质为正，能量低于真空的物质为负。现在越来越多地被引用为一切让人向上，给予人希望和追求、促使人不断追求、让生活变得圆满幸福的动力和智慧。

我相信每个人都有自己的正能量，可是如何把自己的正能量复制给别人，让他人同样具备正能量呢？人与人之间主要通过语言来进行传递和交流。和不同的人在一起交流，有不一样的感受。有的人给人希望和信心，让你有那种快乐向上的感觉，对生活充满信心，觉得生活有滋有味，感觉“活着真好”，对未来充满无限希望。而和有些人在一起，却让人心情很低沉，心情郁郁寡欢，感觉生活很无聊，产生一种颓废与悲观的心情。

“正能量”一词告诉我们的是，每个人都带着正、负两种能量，让人心情愉悦的人传播的是正能量，他将自己的正能量传递给了你。但大多数人更多地都在释放负能量，比如抱怨工作压力大、经济压力大、过多地指责、冷漠等，反而是越说越无奈，越说心情越不好。负能量将身体的正能量全部耗尽，并且传播给周围的人，就像病毒的传播一样，也让周围人传染上，引得别人心情也不好，时间久了，甚至自己连话都不想说。

既然能量是会互相传染的，那么就让我们多接触一些带有正能量的人，和充满正能量的人多交朋友。在周围，我们会发现一些很优秀的人，他们不仅工作很出色，而且活得很开心，甚至能够带动周围的人释放正能量，让大家有一个开心繁忙的工作环境。拥有正能量的人，他们有着坚定的信念和人生目标，对待工作从不挑肥拣瘦，对自己从严要求，不贪不占，一身正气，廉洁自律，想尽办法圆满地完成领导布置的工作。当遇到麻烦和困难时，他们从不嫌弃和逃避，因为他们知道雨过之后必见彩虹；当心灵疲倦时，他们知道如何调整自己的内心，让心灵重获能量。拥有正能量的人，往往注重个人学识、修养、心智和品位的综合能力培养，不断提升自我，浇灌他人的希望与信心，激活他人的激情与动力，他人受益，自己也赢得了他人的欣赏、支持和尊重。

每个人的心里都潜藏着巨大的正能量，一旦正确使用这种能量，将会让你活出全新的自己，让心灵常葆活力。相反，如果这种正面的心理能量没有得到正确的使用，就会产生巨大的负能量，足以让你一生一事无成。我们每个人都有能力疏导自己的负能量，找回自己的正能量。

付之以正，得之以正；付之以暗，得之以暗。在日常工作生活中，面对他人，我们要做的是多给人希望、强人信心，多说催人奋进的充满正能量的话语。让我们每个人都做正能量的传播者。

第九章

能量与人生

人一生下来既是一个物质的人，又是一个带有巨大智能、意能的精神的生命体。物质的人一般随着年龄的增长到20多岁就停止了，但精神的人随着后天的学习、工作交流，其智能会不断壮大。有些人即使死了几千年了，如老子、孔子、孙子、李白、杜甫等，但他们创造的巨大的智能、意能等正能量，仍然在恩泽着人类。人的一生既是物质躯体的变化史，更是软件智能、精神意能的发展史。一部人类文明史，就是人类意能不断壮大的演化史。

人生目标带给你能量动力

目标是行动的导航灯。没有目标，我们就不会努力，因为我们不知道为什么要努力。就像大海中的航船，如果不知道靠岸码头在哪里，加油又有什么用？没有目标，我们几乎同时失去机遇、运气、别人的援助。目标也是一种能量，在现代研究中，目标能产生一种强大的智能吸引力，引导你走向目标。

英国有一个名叫斯尔曼的残疾青年，尽管他的腿有慢性肌肉萎缩症，走路有许多不便，但是他还是创造了许多连健全人也无法想象的奇迹。19 岁那年，他登上了世界屋脊珠穆朗玛峰；21 岁那年，他征服了著名的阿尔卑斯山；22 岁那年，他又攀登上了他父母曾经遇难的乞力马扎罗山；28 岁前，世界上所有的著名高山几乎都踩在了他的脚下。

但是，就在他生命最辉煌的时刻，他在自己的寓所里自杀了。为什么一个意志力如此坚强、生命力如此顽强的人，会选择自我毁灭的道路？他的遗嘱告诉我们这样的答案：

11 岁那年，斯尔曼的父母在攀登乞力马扎罗山时遭遇雪崩双双遇难。出发前给小斯尔曼留下了遗言，希望他能够像父母一样，征服世界上的著名高山。因此，他从小就有了明确而具体的目标，目标成为他生活的动力。但是，当 28 岁的他完成了所有的目标时，就开始找不到生活的理由，就开始迷失人生的方向了。他感到空前的孤独、无奈与绝望，他给人们留下了这样的告别辞：“如今，功成名就的我感到无事可做了，我没有了新的目标。”

其实，我们每一个人在这个世界上多少是有自己的目标的，尽管许多人并不一定清醒地意识到自己的目标。在生活中，目标就是人的生命的意义，没有目标，生命的一半就失却了。对于那些为目标而存在的个体来说，没有目标，也就没有了生命的价值。

在美国西点军校的教材里，有这样一个故事。

一支远征军正在穿过一片白茫茫的雪域，突然，一个士兵痛苦地捂住双眼：“上帝啊，我什么也看不见了。”没过多久，几乎所有的士兵都患上了这种怪病。这件事在军事界掀起了轩然大波，直到后来才真相大白。

原来，致使那么多军人失明的罪魁祸首居然是他们的眼睛，是他们的眼睛不知疲倦地搜索世界，从一个落点到另一个落点。如果连续搜索世界而找不到任何一个落点，眼睛就会因过度紧张而导致失明。

在一片白茫茫的雪域中，士兵找不到一个确定的目标，而导致眼睛失明。人生也是这样，目标太多等于没有目标，没有目标的人生也就一片黑暗。坚持是雄壮的，因为坚持是由百般磨炼出来的。坚持也是甘甜的，因为终将得到胜利的果实。

晋代的祖逖是个胸怀坦荡、具有远大抱负的人。可他小时候却是个不爱读书的淘气孩子。进入青年时代，他意识到自己知识的贫乏，深感不读书无以报效国家，于是就发奋读起书来。他广泛阅读书籍，认真学习历史，从中汲取了丰富的知识，学问大有长进。他曾几次进出京都洛阳，接触过他的人都说，祖逖是个能辅佐帝王治理国家的人才。祖逖 24 岁的时候，曾有人推荐他去做官，他没有答应，仍然不懈地努力读书。

后来，祖逖和幼时的好友刘琨一同担任司州主簿。他与刘琨感情

深厚，不仅常常同床而卧，同被而眠，而且还有着共同的远大理想：建功立业，复兴晋国，成为国家的栋梁之才。

一次，半夜里祖逖在睡梦中听到公鸡的鸣叫声，他一脚把刘琨踢醒，对他说："别人都认为半夜听见鸡叫不吉利，我偏不这样想，咱们干脆以后听见鸡叫就起床练剑如何?"

刘琨欣然同意。于是他们每天鸡叫后就起床练剑，剑光飞舞，剑声铿锵。春去冬来，寒来暑往，从不间断。

功夫不负有心人，经过长期的刻苦学习和训练，他们终于成为能文能武的全才，既能写得一手好文章，又能带兵打胜仗。祖逖被封为镇西将军，实现了他报效国家的愿望；刘琨做了都督，兼管并、冀、幽三州的军事，也充分发挥了他的文才武略。

祖逖和刘琨明确了目标，并努力为之奋斗，最终获得了成就。人生短暂，所有的一切都是过眼烟云，若我们能在有限的时间里，尽所能地做一些有意义的事情，对得起自己，那也不枉在人世间走一遭。

每个人都有自己活着的意义，人要为自己而活，就是为了自己的目标而努力，成功是需要付出汗水的，每一个环节都要尽情地去体会。如果没有了理想，做什么都是做给别人看的话，那自己又能体会到什么呢。

一个小男孩叫保罗，初中时，有一次老师叫全班同学写作文，题目是《长大后的志愿》。那晚他洋洋洒洒写了7张纸，描述他的伟大志愿，那就是想拥有一座属于自己的牧马农场，并且他仔细画了一张两百亩农场的设计图，上面标有马厩、跑道等的位置，然后在这一大片农场中央，还要建造一栋占地四百平方英尺的巨宅。保罗花了好大心血把作业完成，第二天交给了老师。可是却被教师判了不及格。

老师对他说："你年纪轻轻，不要老做白日梦。你没钱，没家庭背景，什么都没有。盖座农场可是个花钱的大工程，你要花钱买地、花钱买纯种马匹、花钱照顾它们。如果你肯重写一个比较不离谱的志愿，我可以重新打你的分数。"

再三考虑几天后，保罗决定原稿交回，一个字都不改，他告诉老师："即使拿个大红字，我也不愿放弃梦想。"

20多年以后，这位老师带领他的30个学生来到了保罗的农场露营一星期。离开之前，他对保罗说："说来有些惭愧。你读初中时，我曾泼过你冷水。这些年来，也对不少学生说过相同的话。幸亏你有这个毅力坚持自己的目标。"

当我们确定了起跑线的时候，就应该明确自己所处的位置，对自己有一个客观公正的评价。所有的目标都要明确、具体、特定、有时限，而且在制定目标时根据自身条件制定，从小的目标开始做起，把无关的统统放在一边。当每个目标都达成时，便会使我们的自信心得到增强，进而行动力会爆发。每个人都想成功，但是很多人失败之后就会意志消沉。要想成功，就得保持拼搏精神，认准方向，即使失败了也毫不退缩，坚定不移地朝着目标努力，最后一定会获得成功。

"青山有幸埋忠骨，白铁无辜铸佞臣"，这个"佞臣"秦桧也是有目标的，但他的目标却是那数不清的、白花花的银子，以及不允许别人动摇的权力和地位。为了权力与地位，他可以出卖国家与自己，他也确实为了自己的目标而不间断地努力了。在他的策划下，一代精忠报国的大将岳飞以"莫须有"的罪名被杀。但他能算作成功吗？在杭州古木森森的岳庙里秦桧铸像袒臂反剪，跪在岳飞墓墙根的铁栅栏里，这是历史作出的最公正的判决，民族败类的可耻结局。他将永远跪在忠骨面前遭受世人的谴责和唾骂。

"大江东去，浪淘尽，千古风流人物。"吟着这句豪情奔放的词，想起一代文豪苏轼，毋庸置疑，他是成功的，虽然那成功的道路是那样的曲折。他初时的目标是通过出仕来实现自己的伟大抱负，虽然夹杂着本性对自由的渴望，但他还是将自己的大部分心思放在了官场上。但他的这个官场道路的选择，因为"乌台诗案"，受到了致命的打击。但这次的失败，他并没有沉沦下去，他找到一条更适合自己的明确的道路。他收敛锋芒，

洗净铅华；他不再掩饰自己的真性情。于是，一篇篇千古名篇在他的笔下诞生。虽说是“穷而后工”，但我认为，他是选择了一条明确的、适合他自己的道路，所以，他成功了。

无数事实证明，目标能够给人的行为设定明确的方向，使人充分了解自己每一个行为的目的。使自己知道什么是最重要的事，有助于合理安排时间。迫使自己未雨绸缪，把握今天。使人能清晰地评估每一个行为的进程，正面检讨每一个行为的效率。使人能把重点从工作本身转移到工作成果上来。使人在没有结果之前，就能看到结果，从而产生持续的信心、热情与动力。

明确人生目标所带来的动力不仅仅包括催人奋进，勇往直前的驱动力，也包括抑制诱惑，少走弯路的自制力，其相关调查显示：没有目标的人处于社会最底层；目标对人生的积极影响极端重要，有了目标，就有了努力的依据，就有了人生的动力。

正确的目标、梦想一旦确定，就会具有巨大的能量，就会吸引凝聚人财物、知识、信息、资源为达成目标而产生整合作用，目标之意能、梦想之智能就这么奇妙。

积极的心态能量决定一生

古人云：“天将降大任于斯人也，必先苦其心志，劳其筋骨，饿其体肤。”人生在世不免经受大风大浪，若只想着一帆风顺，那么就别想着创出一番大事业。但是，如果在遭遇挫折的时候，自暴自弃的话，那么也就没有什么大成就可言了。所以说，摆正心态，看淡挫折，时刻保持着一颗宽大的心，这样才能有更大的舞台供我们施展。

在成功的道路上，最大的敌人其实并不是缺少机会，或是资历浅薄，成功的最大敌人是缺乏良好的心态。比如，愤怒时，不能制怒，使周围的合作者望而却步；消沉时，放纵自己的萎靡，把许多稍纵即逝的机会白白浪费。

在现实生活中，我们不能控制自己的遭遇，却可以控制自己的心态；我们不能改变别人，却可以改变自己。其实，人与人之间并无太大的区别，真正的区别在于心态。所以，一个人成功与否，主要取决于他的心态。有什么样的心态，就注定会有什么样的命运。心理学家对伟大成功者进行观察和研究后发现一个奥秘：每个人的心灵都有一个法宝，它就像硬币一样具有两面性，正面写着积极心态，反面写着消极心态。

人生如戏，每个人的人生都是一幕幕不同的戏。无论戏的长短，都有开场、高潮以及结尾。在我们自己的戏里，我们是当仁不让的主角，在别人的生命中，我们注定是个配角，去装点着别人的生活。对于他人的生命来说，我们起不了决定性的作用，只能或多或少的影响着他们，这是必然的。但在我们自己的生命中，每一段故事，每一个场景都是以自我为中心的，我们的心有多大，舞台就会有多大。

拿破仑称得上是一位伟人，但是正是因为他心胸狭窄，失去了世界霸主的地位，以失败而结束了他传奇的一生。

> 两个世纪前的某一天，美国发明家富尔顿来到了金碧辉煌的凡尔赛宫，他刚发明了蒸汽机铁甲战船，正兴致勃勃地向拿破仑建议，用之取代当时法国的木制舰船。毫无疑问，蒸汽机铁甲战船比木制战船要先进得多，威力也不可同日而语。
>
> 眼看拿破仑就要被富尔顿说动，准备采纳富尔顿的建议时，拿破仑脸色陡变，两眼放射出难以抑制的怒火，眼睛直逼向富尔顿。合作告吹了，而莫名其妙的富尔顿也许永远不会知道，他失败的原因完全是由于他毫不在意地顺口恭维了拿破仑一句：“伟大的陛下，您将成为世界上真正最高大的人！”
>
> 在这里，富尔顿想表达的是“高贵”“崇高”的意思，但他一不留神把法语的“高贵”“崇高”一词说成了“高大”，恰恰富尔顿自己身材高大，这一下正好击中了拿破仑最自卑、最害怕被别人嘲笑的生理短处，那就是个子很矮。拿破仑又自卑又嫉恨，他对高个子的富

尔顿咆哮道："滚吧，先生！我不认为你是个骗子，但认为你是个十足的蠢货！"

这之后，富尔顿的发明专利被英国购买，自此英国凭借强大的海军，确立了世界海上霸主的地位，法国却远远落在了后面。直到20世纪30年代末，爱因斯坦在建议美国总统罗斯福迅速研制原子弹的信里，才又一次重提旧事："总统先生，如果1803年拿破仑接受了富尔顿关于建造蒸汽机军舰的建议，今天的世界格局将不会是这样！"

拿破仑仅仅因为容忍不了别人无意间使用的"高大"一词，就拒绝了一项伟大的发明，也失去了一个称霸世界的绝好机会。因为他心胸狭窄，所以他失去了一个时代。

无数事实证明，人与人之间，开始时，只有很小的差异，就是心态是积极还是消极，而慢慢地，这种微小的差异却足够导致人与人之间命运的巨大分野——成功与失败。成功者始终善用积极思考与正面经验把握人生、接受挑战、乐观进取、创造奇迹；失败者却常常受着消极疑虑与过往失败的引导与控制，心灵彷徨、满脸沮丧、消极悲观，永远难有出人头地、收获幸福的机会。

成功的人生，需要做出正确的人生选择！

有这么一个关于一对夫妻的故事：

他做事很马虎，碗洗不干净，地越拖越脏，衣服晾晒得皱巴巴。他做的家务活，几乎没一件让她满意，她看不上眼，经常返工。

某天，他见她在厨房忙碌，就屁颠颠地凑过去说："我来切菜吧，帮你打打下手。"刚切了几下，他忽然"哎哟"地叫起来。

她吓了一跳，回头一看，他正捂着左手，表情甚是痛苦。她意识到他切了手，赶紧扔掉锅铲，找来创可贴给他贴上。

某周日，她加班，他把家里的脏衣服都放洗衣机洗了。她下班回来一看，顿时傻了眼——她那件1000多元的羊绒衫小了一个尺码，正蔫头耷脑地在阳台的衣架上。

还有一次，家里没米了，他说“我去超市买吧”。结果，还没到超市，他就被街边卖米小贩给骗了，买了50斤次品大米。打开包装一看，全是米虫，哪能吃？只好扔了。

她气得要命，但也拿他没辙。此后，她再也不敢让他做家务了，她怕他又会“成事不足，败事有余”。

但有时，家务做着做着，她就感觉心理不平衡了。她心里极度窝火：“凭什么啊？我拿的工资不比你少，凭什么我要像佣人一样服侍你？”这种心理一旦滋长，她对他说话的语气也就好不到哪去了，甚至有时还很刻薄。她经常向他抱怨，说他笨，说他不心疼她，说自己苦，说自己天生就是个劳碌的命。

她的心情变得很坏。慢慢地，她觉得越来越累，感觉生活处处不如意。终于有一天下班后，她感觉浑身疼得要命，她没像平时一样系上围裙做饭，而是直接钻进了被窝。

不一会儿，他也下班回来。他问她怎么了？她无厘头地冲他吼：“被你气的！”

他没接话，而是坐下来，轻轻地在她耳边说：“我帮你按摩按摩吧。”她抬起脚踢他，他没躲，被她结结实实地踢了几脚；她又掐他，他也任凭她掐。踢累了，掐累了，她打住了，颓然倒在床上。他俯下身，认真仔细地帮她按摩起来。

他对她说：“舒服点了吧？都是我太笨，不但不能减轻你的家务负担，还经常给你添乱。我想好了，以后，我天天给你做按摩，我还愿意做你的撒气桶，尽管打尽管骂，只要你开心，比什么都强。”

她想憋住笑，可没憋住。他看见她笑，松了口气：“老天！你知道你有多久没笑过了吗？”

她的拳头雨点般落在他的身上，心情一下就敞亮起来，也忽然觉得全身都轻松了起来。她感到饥肠辘辘，于是，她撅着嘴对他说：“我饿了，你请我吃饭！”

他看着她说：“老婆，你撒娇的样子真好看。”

她如梦初醒，都说“能者多劳”，夫妻间如果事事锱铢必较，那日子一定不美好，心情也好不到哪去。与其抱怨，整天苦着个脸，还不如开心地撒娇，享受他的宠爱！

正如上述所说，当你的人生遇到了暂时的曲折的时候。何不跳出囚笼，站在一旁静心观望着、思考着，也许你会发现生活依旧美好。那些许的不如意也仅仅只是暂时的。

闻名世界的大演说家、作家、牧师和心灵安慰大师罗曼·文森特·皮尔曾出了一本书叫《态度决定一切》，作者以精湛的文笔向读者阐述了“如何成为一个积极心态的人”“如何面对失败和困境”“如何珍视今天”，以及积极的语言所带来的力量。

积极心态的人更懂得“今天”的无穷价值。“今天”这一天充满了机遇、喜悦、趣味和成功。是否虚度了时光，或在懒散中荒废了时间，或在哀怨中葬送了美好的青春，要看我们以什么样的心态面对。

有两个乡下人准备外出找工，他们一个买了去纽约的票，一个买了去波士顿的票。到了车站，打听后才知道纽约人很冷漠，指个路都想收钱；波士顿人特别质朴，见了露宿街头的人会特别同情。

去纽约的人想，还是波士顿好，挣不到钱也饿不死，幸亏车还没到，不然真掉进了火坑。

去波士顿的人想，还是纽约好，给人带路都能挣钱，幸亏还没上车，不然真失去了致富的机会。最后，两个人在换票地点相遇了，原来去纽约的去了波士顿，打算去波士顿的去了纽约。

去波士顿的人发现，这里果然好。他初到那里的一个月，什么都没干，竟然没有饿着。银行大厅的水可以白喝，而且大商场里还有欢迎品尝的点心可以白吃。

去纽约的人发现，纽约到处都可以发财。只要想点办法，再花点力气就可以衣食无忧。他凭着乡下人对泥土的感情和认识，第二天，他在建筑工地装了10包含有沙子和树叶的土，以“花盆土”的名义，向不见泥土而又爱花的纽约人兜售。当天他在城郊往返6次，净赚了50美元。1年后，他竟然凭着“花盆土”拥有了一间小小的门面。

在常年的走街串巷中，他又有了一个新的发现：一些商店楼面亮丽而招牌较黑，一打听才知道这是清洗公司只负责洗楼不负责洗招牌的结果。他立即抓住这一机遇，买了“人”字梯、水桶和抹布，办起一家清洗公司，专门负责擦洗招牌。如今他的公司有了150多个员工，业务还发展到了附近的几个城市。

不久，他坐火车去波士顿旅游。在路边，一个捡破烂的人伸手向他乞讨，两人都愣住了，因为5年前，他们曾经换过一次车票。

心态决定命运，而不是环境。对于一个想不劳而获的人，给他再好的机会也是枉然。

有人说：“要爱人生，这样人生也会爱你。”无论是面对家庭，还是事业，或是朋友，或是整个世界，乃至全世界，只要你心中充满着爱，以积极乐观的心态、自信和勇气、坚定不移的信念去投入人生。那么，你的人生就会如你所愿，变得光彩而满足。积极的心态，就是一种勇于跳进自己基本上能够把握的这个世界的态度，而且这个世界你不跳进去你是把握不住的，就像你要想学会游泳的话，你不跳进水里是学不会的。

一位哲人说：“你的心态就是你真正的主人。”

一位伟人说：“要么你去驾驭生命，要么是生命驾驭你。你的心态决定谁是坐骑，谁是骑师。”

一位艺术家说：“你不能延长生命的长度，但你可以扩展它的宽度；你不能改变天气，但你可以左右自己的心情；你不可以控制环境，但你可以调整自己的心态。”

佛说：“物随心转，境由心造，烦恼皆由心生。”

狄更斯说：“一个健全的心态比一百种智慧更有力量。”

爱默生说：“一个朝着自己目标永远前进的人，整个世界都给他让路。”

这些话听起来虽然简单，细细品味却不失经典、精辟！一个人的精神状态与他所呈现出的生活现实是成正比的，这是毋庸置疑的。就像做生意，你投入的本钱，投入的精力越大，将来获得的利润也相对就越来越多。

在现实生活中，使你乐观、豁达，使你战胜面临的苦难，使你淡泊名利过上真正快乐的生活，其中一个最重要的因素，无外乎是保持着一个良好的心态。人类几千年的文明史告诉我们，积极的、良好的心态，能帮助我们获取幸福、健康和财富。

习惯能量决定人生的质量

英国文艺复兴时期最重要的作家、哲学家弗朗西斯·培根说：“习惯是一种顽强的巨大的力量，它可以主宰人生。”

美国心理学巨匠威廉·詹姆斯有一段对习惯的经典注释：“种下一个行动，收获一种行为；种下一种行为，收获一种习惯；种下一种习惯，收获一种性格；种下一种性格，收获一种命运。”

我认为，其实“习惯”也是意能，不断形成的习惯，是凝聚能量整合事物的利器。习惯是一种长期形成的思维方式、处世态度，习惯是由一冉重复的思想行为形成的，习惯具有很强的惯性，像转动的车轮一样。人们往往会不由自主地启用自己的习惯，不论是好习惯还是不好的习惯，都是如此。可见习惯的力量——不经意会影响人的一生。

一个商人需要一个小伙计，他在商店的窗户上贴了一张独特的广告：“招聘：一个能自我克制的男士。每星期 40 美元，合适者可以拿 60 美元。”

“自我克制”这个术语引起了争论，这引起了小伙子们的思考，也引起了父母们的思考，自然也引来了众多求职者。每个求职者都要经过一个特别的考试。有一个叫卡特的人也来应聘，他忐忑地等待着，终于，该他出场了。

“能阅读吗?”

“能，先生。”

“你能读一读这一段吗?”商人把一张报纸放在卡特的面前。

“可以，先生。”

“你能一刻不停顿地朗读吗?”

“可以，先生。”

“很好，跟我来。”商人把卡特带到他的私人办公室，然后把门关上。他把这张报纸送到卡特手上，上面印着卡特答应不停顿地读完的那一段文字。

阅读刚一开始，商人就放出 6 只可爱的小狗，小狗跑到卡特的脚边。这太过分了，许多应聘者都因经受不住诱惑要看看美丽的小狗，视线离开了阅读材料，因此而被淘汰。但是，卡特始终没有忘记自己的角色，排在他前面的 70 个人失败之后，他不受诱惑一口气读完了材料。

商人很高兴，他问卡特：“你在读书的时候没有注意到你脚边的小狗吗?”

卡特答道：“对，先生。”

“我想你应该知道它们的存在，对吗?”

“对，先生。”

“那么，为什么你不看一看它们?”

“因为我告诉过你我要不停顿地读完这一段。”

“你总是遵守你的诺言吗?”

“的确是，我总是努力地去做，先生。”

商人在办公室里来回走着，突然高兴地说道：“你就是我想要的人。”

专注于你所要做的事情就是成功的第一大要素，年轻人只有善于克制自己，把精力投入到工作和学习中去，完成自己的职责，才有成功的希望。

马克思曾说过："良好的习惯是一辆舒适的四驾马车，坐上它，你就跑得更快。"这就形象地告诉人们，要想在事业上取得成功，就必须有好的习惯，它能使人更快地达到目标，更好地实现理想。

《三字经》中说："人之初，性本善。性相近，习相远。"意思是说，人刚生下来本性没有什么太大区别，是后天的习惯养成，使人与人之间性格品质产生了差别。可见习惯养成的重要。

一般来说，习惯可以在有目的、有计划的训练中形成，也可以在无意识状态中形成。而良好的习惯必然在有意识的训练中形成，不允许也不可能在无意识中自发的形成，这是好习惯与不良习惯的根本区别。相对于其他习惯而言，不良习惯形成以后，要改变它是十分困难的，俗话说："江山易改，本性难移。"从根本上说，任何一个好习惯的养成都不会是轻而易举的。要培养一个好习惯，首先必须要研究它的重要性，因为只有明白了它的重要性，才会有培养这个习惯的强烈愿望。其次对所培养的习惯进行必要性，可行性的分析，从某种意义说，克服一个坏习惯，培养一个好习惯是人生最难的，而又是对人生最有价值的。

有这样一个真实的故事：

北京有一家外资企业高薪招聘应届大学毕业生，对学历、外语的要求都很高。应聘的大学生过五关斩六将，到了最后一关，总经理面试。

一见面，总经理说："很抱歉，年轻人，我有点急事，要出去10分钟，你们能不能等我？"

这仅剩的几位大学生们都说："没问题，您去吧，我们等您。"

经理走了，大学生们闲着没事，围着经理的大写字台看，只见上面文件一叠，信一叠，资料一叠。都是些什么呢？他们你看这一叠，我看那一叠，看完了还交换。

“哎哟，这个好看！”“哎哟，那个好看！”众人这样喊着。

10分钟后，总经理回来了。他说：“面试已经结束，你们全都没有被录用。”

大学生们个个瞪大了眼睛：“这是怎么回事，面试还没开始呢？”

总经理说：“我不在的这一段时间，你们的表现就是面试。很遗憾，本公司从来不录用那些乱翻别人东西的人。”

大家想一想，能够最后参加总经理面试的这几位学生，是从千军万马中挑选出来的，难道他们还不够优秀吗？这家公司为什么不录用他们呢？是的，真正优秀的学生是养成了良好习惯的学生，而这几位大学生没有养成尊重他人、未经允许不乱翻他人东西的好习惯。

要培养一个习惯，开始前的可行性分析很重要，这使你的习惯建立在理智和科学的基础上。否则，头脑一热，盲目去做，常常会半途而废。要培养好习惯，就要统筹安排，逐一击破。我们知道，人的习惯实现是一个庞大的体系，它像一棵大树一样，有干、有枝、有叶。

好习惯可以是我们工作方面的习惯，也可以是学习、健康、感情方面的，可以是与人相处方面的各种习惯，也可以是思维方式、行为方式的习惯。因此当我们明白习惯对我们人生和命运的重要性后，要对准备培养的习惯做统筹安排。这样可以分清主次，明确先后，然后有步骤地去培养，就会更有成效。

从根本上说，任何一个好习惯的培养都不会是轻而易举的，因此，我们一定要循序渐进，由浅入深，由近及远。尤其开始时我们要宁少勿多、宁简勿繁、宁易勿难。先找一个比较容易做到的，做起来有兴趣的，很快就能尝到甜头的，而且能不断受到自己和周围人激励的习惯开始，而且下得功夫要大一些，花的时间要长一些，这样就容易成功。

在快乐与苦恼间选择正能量

人是社会性动物，没有任何人能够独立地生活。如果你能保持一份快乐的心情，即使每天只有馒头咸菜也足以成为盛宴。我们应当学会经营自己的生活，让快乐和愉悦渗透在生活中。一味地将自己固守在一个小天地里，看到的也只会是这一方小的天地了，长此以往，我们的思想就会变得短浅，心胸变得狭窄。

我们的生活充满着这样或那样的痛苦和挫折，但这种生活并不缺少快乐。人生的快乐与否，往往不在于表面，而在于我们的心态和思想。无论我们的态度是正面的还是负面的，我们都会被其牵引，从而使我们顺着牵引的方向前进。即使我们改变不了环境，我们可以去试着改变心境。

卡耐基的快乐原则是：生活在完全独立的今日中。他谈到著名的加拿大医生奥斯勒，奥斯勒把生活比作具有防水隔舱的现代邮轮，而船长可以把各舱完全封闭。奥斯勒还把这种情形更向前引申一步。“我所主张的是你要学习控制你生活的机器，生活在一个独立的今天之中，确保航行的安全。在你生活的每个阶段中，按一个钮，并且确定你确实已经用铁门把过去——逝去的昨天——关在身后；你再按一个钮，用铁门把未来——还没有来临的明天——给遮断掉。关闭掉过去！把死的过去埋葬掉。关闭掉那引导着傻瓜走向死亡的昨天，把未来也像过去一样关闭得紧紧的。忧虑未来就是今天精力的浪费，精神的压力，神经的疲累，追随着为未来而忧虑者的步伐跌入深渊。把前面的和后面的大舱门都关得紧紧的，准备培养生活在‘一个独立的今天’中的习惯。”

卡耐基要我们弄清楚，奥斯勒这段话的意思，并不是要我们不为明天做准备，但是为明天所做的最好的准备，就是集中精力把今天的事在今天做完。著名的古罗马诗人贺瑞斯也这样认为。他有一首诗说：这个人很快乐，也只有他能快乐，因为他能把握今天，称之为自己的一天；他在今天里能感到安全，能够说："不管明天怎么糟，我已经过了今天。"

在现实生活中，有许多人经常为自己的欲望无法得到满足而烦恼。虽然他们很想摆脱烦恼，却找不到烦恼的真正根源在哪里。如果向他们询问生气或者不快乐的原因，大致可以归纳为下面的理由：老板太刻薄、所交的朋友对自己不忠诚、孩子太不争气而没有进入名校、老公或家长太过吝啬给的零用钱，等等。这些人都有一个共同的特点，那就是都把个人的得失看得很重，而且都认为自己的烦恼完全来自于他人的错误，却没有人去真正反省自己的任何缺点或过失。

对于一般人来讲，在欲望面前都非常脆弱，很难抵挡住人世间的各种诱惑。然而，人对金钱或物质的欲望一旦无休止的膨胀起来，就很容易迷失自己的心性。人的欲望是永远没有止境的，一个人如果不能看透生命的本质，至死也离不开欲望，一生也摆脱不了烦恼，因为命运往往在满足了一个人的欲望的同时，又塞给他一个更难满足的新的欲望。只有那些走上了返璞归真之路的修炼人，才能彻底的放下名利之心，永远脱离人世间的烦恼。

相传在唐朝时期，唐肃宗为心中的各种烦恼所困，于是远道拜访慧忠禅师，希望他能为自己排忧解难。有一天，唐肃宗问禅师："朕如何才能得到佛法？"

慧忠回答说："佛在自己心中，他人无法给予！陛下看到殿外空中的那一片彩云了吗？能不能让侍卫把它摘下来放在大殿里？"

唐肃宗无奈地答道："当然不能！"

慧忠又感叹地说："世人求佛，有的人为了让佛祖保佑求得功名；有的人为了求财富、求富寿；有的人为了摆脱心灵的责问，真正为了修佛而求佛的能有几个？"

唐肃宗听后又问禅师："怎样才能拥有佛的法身？"

慧忠答道："欲望让陛下有这样的想法！不思静修，把生命浪费在这种无意义的空想上，几十年醉死梦生下来之后，到头来不过是腐

尸与白骸而已，何苦呢?”

唐肃宗退而求其次地问道：“哦！如何能不烦恼不忧愁呢?”

慧忠爽朗地回答说：“不烦恼的人，看自己很清楚，即使一心向佛，也绝不会自认是清静佛身，仍然经常自我反省。只有烦恼的人才整日想摆脱烦恼。修行的过程是心地明朗的过程，无法让别人替代。放弃自身的欲望，放弃一切想得到的东西，其实你得到的将是整个世界!”

由此看来，即使是贵为皇帝，虽然他得到了至高无上的权力，也仍然还有很多满足不了的欲望。那么作为无权无势的平民百姓来讲，如果不懂得主动放弃，他的欲望可能会更多。有欲望而不能满足必然心生烦恼，那将是无法解脱的。心淡人自乐，懂得了这个简单的道理，就能远离烦恼，度过一个自由自在的人生。

人们的价值观不同，对快乐的理解也不同。条条大路通罗马，快乐的方式有好多种，快乐的标准也不止一个。要做一个充满阳光的自己，我们就要抛弃一元化的思维模式，树立多元化的思维模式。

静心，让正能量充满你的小宇宙

在竞争激烈的现代社会，唯有宁静自己的心灵，才能让你不执迷于权贵，不奢望金山银山，不追求声名鹊起，不羡慕名车豪宅，因为所有的奢望与羡慕只能加重生命的负荷，加速心灵的浮躁，既而与宁静豁达无缘。

物质的欲望在慢慢地吞噬着我们的心灵，我们留给自己的内心空间被挤压到最小，从而阻碍了我们的眼光与胸怀，最后失去了心灵的平衡。人的一生难免会有许多的渴望与追求，房子、车子、票子等，不知不觉中我们已经拥有了许多，这些东西有些是我们的必需品。而有些却是我们根本不想要的东西，这些没有实际用处的东西，除了在填充我们的虚荣心和攀比心之外，只会将我们的心灵弄得焦躁不安。

有一个人在森林中漫游的时候，突然遇见了一只饥饿的老虎，老虎向他猛扑上来。他用最大的力气和最快的速度逃开，但是老虎紧追不舍。他被老虎逼入了断崖边上。

站在悬崖边上，他想："与其被老虎活活咬死，还不如跳入悬崖，说不定还有一线生机。"他纵身跳入悬崖，非常幸运地卡在一棵树上。那是一棵长在断崖边的梅子树，树上结满了梅子。

正在庆幸，他听到断崖深处传来吼声，原来崖底有一只凶猛的狮子正抬头望着他。狮子的声音使他心颤，而更不妙的是，他转头看见一黑一白两只老鼠，正用力地咬着梅子树的树干。

他经过一阵惊慌，很快又平静了："被老鼠咬断树干跌死，总比被狮子咬好吧?"

情绪平复下来后，他感到肚子有点饿了，看到梅子长得正好，就采了一些吃起来。他觉得一辈子从没吃过那么好吃的梅子。他心想："既然迟早都要死，不如在死前好好睡上一觉吧!"

他为自己找到一个三角形的枝丫，在树上沉沉地睡去。睡醒之后，他发现黑白老鼠不见了，老虎、狮子也不见了，他顺着树枝，小心翼翼地攀上悬崖，终于脱离险境。

原来就在他睡熟的时候，饥饿的老虎按捺不住，跃下悬崖。黑白老鼠听到老虎的吼声，惊慌逃走了。跳下悬崖的老虎与崖下的狮子经过激烈打斗，双双负伤而遁。

由我们诞生的那一刻开始，苦难，就像饥饿的老虎一直追赶着我们；死亡，就像一头凶猛的狮子，一直在悬崖的尽头等待；而白天和黑夜的交替，就像一黑一白两只老鼠，不停地撕咬着我们暂时栖身的生活之树，总有一天我们会落入狮子的口中。既然知道了生命中最坏的结果不过就是死亡，唯一的路，就是安然地享受树上甜美的果子，然后安心地睡觉。存着这种单纯的心——少一些欲望，多一点赤子之心，我们的生活才是健康、美好的。

很多时候，我们的内心都为外界的事物所掩盖，浮躁的心情占据了我们整个的心灵空间，致使人们在生活中留下了不少的遗憾。在学业上，由于我们还没有学会去倾听前辈们的教诲与心声，我们盲目地选择了别人为我们选定的最具前景的所谓热门专业；在事业上，随着一哄而起的热潮，我们也跟随别人的脚步选择了那些最为众人看好的热门行业；在爱情上，我们也经常受到外界的作用而扭曲了内心的声音，因经济、社会地位等非爱情因素，而错误地选择了恋爱的对象。

懂得生活情趣，创造美好人生

在这个竞争异常激烈的时代，人们经常被困扰于沉重的生活压力，如工作压力、家庭压力、社会压力。静静地坐下来，沏一壶新茶，细细品味，无论是苦是涩，其中自有生活的恬静与幽香。

真正懂得生活的人，是因为他对生活充满了情趣。一个人在不惑之年的美好不在于职业上的辉煌成就，也不在于谋生手段有何高明，而在于内心的充实，一种心灵上的安慰。追求个人生活的情趣，不仅可以得到精神上的慰藉，还可以让情感得到很好的升华。

一位心理学家为了真实地了解人们对于同一件事情在心理上所反映出来的个体差异，他来到一所正在建筑中的大教堂，对现场忙碌的敲石工人进行访问。

心理学家问他遇到的第一位工人："请问你在做什么？"

工人没好气地回答："在做什么，你没看到吗？我正在用这个重得要命的铁锤，来敲碎这些该死的石头。而这些石头又特别硬，害得我的手酸麻不已，这真不是人干的工作。"

心理学家又找到第二位工人："请问你在做什么？"

第二位工人无奈地答道："为了每天200美元的工资，我才会做这件工作，若不是为了一家人的温饱，谁愿意干这份敲石头的粗活。”

心理学家问第三位工人：“请问你在做什么？”

第三位工人眼光中闪烁着喜悦的神采：“我正参与兴建这座雄伟华丽的大教堂。落成之后，这里可以容纳许多人来做礼拜，虽然敲石头的工作并不轻松，但当我想到，将来会有无数的人来到这儿，在此接受上帝的爱，心中便常为这份工作献上感恩。”

同样的工作，同样的环境，却有如此截然不同的感受。

第一种工人，是完全不可救药的人。可以设想，在不久的将来，他将不会得到任何工作的眷顾，甚至可能是生活的弃儿。

第二种工人，是没有责任和荣誉感的人。对他们抱有任何指望肯定是徒劳的，他们抱着为薪水而工作的态度，为了工作而工作，他们肯定不是企业可依靠和老板可依赖的员工。

我想很多人都是属于第二种，我自己也是这种人。

该用什么语言赞美第三种工人呢？在他们身上，看不到丝毫抱怨和不耐烦的痕迹，相反，他们是具有高度责任感和创造力的人。他们充分享受着工作的乐趣和荣誉，同时因为他们的努力工作，工作也带给了他们足够的荣誉。他们就是我们想要的那种员工，他们是最优秀的员工。

智者，生活会变得简单，这里的简单绝不是表面意义上的简单生活，而是对于一切事务的处理，都能够得心应手，应用得法，从不过多地浪费时间和精力。

当然，对于我们大多数平凡人来说，仅仅是简单的生活往往还不够，我们还应当改进生活品质，诚实地面对身边的一切事物。任何人都想拥有属于自己的幸福生活，要想实现这个愿望，时刻接受新的挑战显得尤为重要。生活的心境不同，是导致人们觉得时间过得快的主要原因，他们太久没有体验新鲜事物了，所以，为了提高我们的生活质量，我们要努力地去适应外界的事物，不断地寻求新的挑战，这样才能创造出属于我们自己的全新的生活方式。

人的一生，不但是物能消长的过程，关键是高级智能、意能消长、吸排、调控的过程，若能在一生中，正确运用意能、智能，就可能是完美、幸福、成功的人生，因为一切事物运动的基础是能量运动，人的身体胖瘦、高矮等自然条件是父母给的，有时候很难改变，但是人体的意能、智能主要取决于你后天的学习、积累、叠加、转化，它决定人生的高度和亮度。

战胜贪婪弱点，享受人生乐趣

珍惜自己所拥有的，不要让贪欲控制了我们的心灵，只顾着一味追求，眼高手低只能使我们失去更多。从下面一段老渔夫与富翁的对话不难看出这点。

天空蓝得醉人，海面风平浪静。时间还是上午，一个老渔夫悠闲地坐在海边，一边抽烟，一边凝视着大海，身旁是他的渔船。他看起来满足而自在，心中了无牵挂。

这时，一个富翁走了过来说："这么好的天气，你怎么坐在这里抽烟啊?"

老渔夫说："这么好的天气，我为什么不坐下来抽烟?"

富翁说："这么好的天气，你不能坐下抽烟!"

老渔夫说："那我该干什么呢?"

富翁说："你应该抓紧时间出海打鱼。"

老渔夫说："我已一早出海回来了，打的鱼足够好几天的生活了。"

富翁说："那你也该抓紧时间再多多地出去几次，打更多的鱼。"

老渔夫说："然后呢?"

富翁说："然后每天如此。"

老渔夫说："然后呢？"

富翁说："然后你用赚来的钱，买一艘新船，租出去。"

老渔夫说："然后呢？"

富翁说："然后赚很多的钱，买更多的船，赚更多钱。"

老渔夫说："然后呢？"

富翁说："然后你成功了，你就可以悠闲地坐在海边，抽一袋烟，享受人生！"

老渔夫说："你看我现在在做什么呢？"

富翁无言以对。

故事里的富翁把赚钱当成了毕生的追求，整个人生都在考虑如何赚钱，当他赚了很多钱之后，却忘记了该如何去享受生活。正因为自己那不断增长的欲望使自己失去了享受生活的时间，成为金钱的奴隶，失去了人生的乐趣。其实人生的开始不就是为了更好地享受生活吗？

托尔斯泰曾说过："欲望越小，人生就越幸福。"人生的痛苦并不是说我们拥有的太少，或许是因为我们所期望的太多，不懂得知足。人有积极进取的精神固然是好的，向往这个词本身也不是贬义的。但要量力而行，当病态的去追寻某样事物的时候，失败或许是注定的，这样就构成了长久的失落与愤怒，因此会感到不快乐，以致终日愁容满面。

下棋莫贪，人生莫过于此。生活，对于贫穷的人来说，给予一点点，他们就可以得到满足。但对于富有贪婪的人来说，即使给予整个世界，或许他们仍得不到满足。这样的人也只能整日生活在永不满足的痛苦状态中。

从前，有一个人很穷，穷得甚至连床也买不起，家徒四壁，只有一张长凳，他每天晚上就在长凳上睡觉。但这人很吝啬，他也知道自己的这个毛病，可就是改不了。

终于有一天他向佛祖祈祷："如果我发财了，我绝对不会像现在这样吝啬。"

佛祖看他可怜，就给了他一个装钱的口袋，说："这个袋子里有一个金币，当你把它拿出来以后，里面又会有一个金币，但是在你想花钱的时候，只有把这个钱袋扔掉才能花钱。"

那个穷人得到钱袋后欣喜若狂，他不断地往外拿金币，整整一个晚上都没有合眼，地上到处都是金币。这一辈子就是什么也不做，这些钱已经足够他花的了。

他完全可以扔掉那个钱袋，可是每次当他决心扔掉那个钱袋的时候，都舍不得。于是他就不吃不喝地一直往外拿着金币，屋子里装满了金币。可是他还是对自己说："我不能把袋子扔了，钱还在源源不断地出，还是等钱更多一些的时候，再把袋子扔掉吧！"

到了最后，贪婪的他虚弱得再没有把钱从口袋里拿出来的力气了，但他还是不肯把袋子扔掉，终于死在了钱袋旁边，留下了满屋子的金币一个也没有用。

贪婪的人总是"得一望十，得十望百"，欲望的沟壑永远也填不满。"要足何时足，知足才是足。"只有抛却贪念的人，才不会因为贪婪而失去享受已经拥有的东西，才会与快乐为伴。

欲望是永无止境的。当面前摆放着太多的诱惑的时候，我们总会冒出太多莫须有的需求。也渐渐地迷失了自我，并产生了只有财富与地位才能代表一切的错觉。假若有一天，所拥有的一切消失全无的时候，我们又将何去何从，或许会变得惊慌失措，老无所依。

发挥正能量作用，创造无限可能

在这个快速发展、高速竞争的时代，每天靠着意志力拖着一身皮囊去承受生存和发展的压力，致使我们心力交瘁而疲惫不堪。回头想想，我们到底在追求什么，什么才是我们最想要的。当一个人憧憬着发财、升官、得名，为了这些用辛苦与烦恼来替换每一天本该美好的光阴时，是否想过自己失去了什么，得到了什么，哪些值得哪些不值得。人的一生应该奋斗，打下一片属于自己的天地，也应该相信自己的才能，为了目标，努力奋斗。这些固然是极好的，我们也不该碌碌无为虚度光阴。只有明确了美好的目标，合理的为之奋斗，这才是健康的人生心态。不过，凡事都要明确一个度的把握，当你乞求得太多的时候，得到的反而会很少。而我们会误以为付出与回报不成正比而闷闷不乐，以致浪费掉了本应享受生活的时间，此乃得不偿失也。

(1) 转换思维，开启生存空间

任何时候，是否快乐，关键要看我们以一颗怎样的思维来对待这个世界。有些时候，快乐不是因为我们拥有的多，而是因为我们计较的少。

一天，一个农民的驴子掉到了枯井里。那可怜的驴子在井里凄惨地叫了好几个钟头，农民在井口急得团团转，就是没办法把它救起来。最后，他断然认定：驴子已经老了，这口枯井也该填起来了，不值得花这么大的精力去救驴子。

农民把所有的邻居都请来帮他填井。大家抓起铁锹，开始往井里填土。

驴子很快就意识到发生了什么事，起初，它只是在井里恐慌地大声号叫。不一会儿，令大家都很不解的是，它居然安静下来。几锹土过后，农民终于忍不住朝井下看，眼前的情景让他惊呆了。

每一铲砸到驴子背上的土，它都做了出人意料的处理：迅速地抖落下来，然后狠狠地用脚踩紧。就这样，没过多久，驴子竟把自己升到了井口。它纵身跳了出来，快步跑开了。在场的每一个人都惊诧不已。

其实，我们生活也是如此。各种各样的困难和挫折会像尘土一般落到我们的肩头上，要想从这苦难的枯井里脱身逃出来，走向人生的成功与辉煌，办法只有一个，那就是转换思维，将压在身上的“土”统统都抖落在

地，重重地踩在脚下。因为，生活中我们遇到的每一个困难，每一次失败，其实都是人生历程中的一块垫脚石。

（2）树立自信心，心动不如行动

一位哲人说过："你的态度就是你的主人。"人生总是顺境逆境掺杂在一起，不可能事事顺，也不可能事事逆。人生也总有大起大落，有巅峰也有低谷。当顺境与巅峰一起来临的时候趾高气扬，当遇到逆境和低谷的时候垂头丧气，这都是不健康的人生。如若遇到挫折，只一味地抱怨，那么注定永远是个失败者。

自信是一种无形的力量。古往今来，许多人失败，究其原因，并不是因为能力不够，很大一部分原因是缺少自信。

我听说过这样一个事情：一个公司的总经理，午饭时间竟然跑到员工的办公室去，在电脑前呆坐良久。躲在外面的员工进去不是，不进去也不是，只好退后几步，装作急匆匆冲进办公室的样子，对总经理嚷嚷："怎么，东西忘这儿啦?"然后目送自己的老板仓皇离开。再看看电脑屏幕，停留在收件箱界面上，原来是在查看邮件内容。

据说这位新上任不久的总经理，对自己严重缺乏自信。不知道是因为没出国留过洋的缘故，还是因为这一次的非常规越级提拔也同样给他带来了非常规的超级压力，他极其渴望赢得同事的认可和尊重。

这种渴望迫使他想听到同事背地里对他的议论，想知道总部对他的评价，当然更想弄清楚副总经理是怎样和总部谈论他的。于是亲自客串了一回商业间谍。

其实每个人都有不自信的时候，即使再能干的精英也都有不自信的时候。差别仅在于，明智的人会想出好的办法来弥补自己的不自信，不过方法要是正直的，偷看邮件可不提倡。

一位香港老板刚到大陆工作的时候，曾经很诚恳地对员工说："我对这边的文化不太了解，可能会在有些事情的处理上产生误会。如果有此类事情发生，请你们一定要告诉我原委，帮助我找到更好的解决方法。"

看似简单的几句话，就这样被一个香港老板说出口，潜移默化地打破了同事之间的戒备。但仔细想一想，既然身为老板，怎么能够“不太了解”呢？其实，即使知识渊博，也会有“不太了解”的时候。而且，当你懂得越多，实际上不了解的东西也就越多。

可以说这位香港老板采取的是“无招胜有招”的方法，恭恭敬敬地把自己暴露在同事面前，等着别人来指正、援助。

有一位从医药行业被猎头公司挖到时装行业的女士，是个人才，她采用了以静制动的策略。在最初的一两个月里，她拼命地请认识的朋友吃饭，了解这个时装行业的历史及现状，每天把睡眠降到3小时，阅读这个时装行业的参考书籍。过了一段时间，她讲出来的术语和数据，居然让同事都以为她是资深内行。虽说她新入行，而她的同事已经在这个行当里打拼了十数年。但至少就此而言，新入行的这位女士是自信的，而那些资深同事会突然地不自信起来。

当自信用得不好的时候，就会转化成自负，当用得好的时候，就会成为一种力量、一种动力。当不自信的时候就很难做好事情，当事情做不好的时候，就会更加的不自信，这样就形成了恶性循环。若想避开这种状态，就必须与失败相抗衡，树立坚定的信念，牢固的自信心。

俗话说，“心动不如行动”。虽说行动不一定会成功，但不行动则一定不会成功。每个人的目标都是从梦想开始的，每个人的幸福都是靠心态来掌控的，每个人的成功都是靠行动来实现的。生活不会因为我们想做什么、知道什么来给予我们回报，而是要靠我们做了些什么。只有切身地去体会，去付出行动，才能找到迈向成功的道路。

(3) 懂得舍得智慧

人的一生终会经历风风雨雨，不可能一帆风顺。成功、失败、开心、失落伴随着人的一生。假如把生活中的起起落落看得太重的话，那么生活给予我们的压力也会越来越重，人生也永远都不会坦然，欢乐也将付之一去。

“命里有时终须有，命里无时莫强求。”其实人生是不断拾起，不断放下的历程。无须强求那些不属于自己的东西，当我们为了那些不必要的东西而打拼得筋疲力尽的时候，回头看看，或许它就在我们的身边。适时放弃是一种智慧，它会让我们更加清醒地审视自身内在的潜力以及外界的因素，会让我们疲惫的身心得到调整，成为一个快乐而明智的人。

有些事情，盲目的坚持不如理智的放弃。例如伤感老去容颜的女人，往往会失去更加珍贵的东西。在适当的时候，理应给自己一些空间，学会放弃，才能获得更多。

人生需要宽容，当宽容变成一种美德的时候，它能使每个人都得到尊重。当宽容变成一盏明灯的时候，它能照亮每一个心灵。当宽容变成一种良药的时候，它能挽救每一个灵魂。

总之，我们需要发挥正能量的积极作用，转换思维，树立自信心并积极行动，智慧的取舍，多些宽容，给心灵一个温馨的去处。这样，我们才能开启人生的无限可能。

正能量，让你活出全新的自己

所谓生存，只要你在生活，只要你还存在，从出生一直到死亡，你就在生存。生存只能勇往直前，不容回头。而生存的现实是指人、工作和万物之间存在的一种紧密相连却又相对的现实生活。

我在一本杂志上，看到了这样一个故事：

御厨世家出身的他，17 岁时就跟在饭店掌勺师傅后面，打下手，负责择菜、洗菜和切菜。那是一家国有星级饭店，他在那里上班，不仅有保障还有编制，不过虽说他有编制岗位，但就是打下手。一辈子，也做不了厨师。

打了整整 3 年的下手，有一天，掌勺的师傅突然感冒了，咳嗽得厉害，不能再站在锅台前炒菜了。但偏偏这时，饭店里的客人又多，都在等着菜吃，急得饭店经理和师傅团团转。见此情形，他对经理和师傅说：“让我来试试吧。”师傅很是惊讶，因为他从没教给他怎么炒菜，也从未看见过他炒菜，能行吗？可也只能死马当活马医了，经理当场无奈地表示同意，于是师傅就让他炒了。

让所有人没想到的是，他炒出来的菜，居然一点都不比师傅的差，味道堪称绝美！师傅更加迷惑了，问他从哪学来的厨艺？他说：“师傅呀，虽然你没有手把手教过我，但是，我天天就在你身边打下手，整整观察你炒了三年的菜，早已记下了你日常炒菜的方法、火候和放作料的先后顺序，还能炒不好吗？”

此时，经理和师傅听后，都大为感动，这之后就把他调去掌勺了。几个月后，他就代表自己所在的酒店，参加了当年的厨师烹饪大赛，并且一举夺得了那场大赛的金奖。

就在他顺风顺水，每个月都有着不菲的收入，外界都以为他会在饭店里一直掌勺下去的时候，他却在心里暗下了一个决定，那就是在40 岁后，一定不再炒菜，理由很简单，他不想像师傅那样，一辈子都站在烟熏火燎的灶台前，仅仅只是个厨师！

他果真是想到做到，几年后，他就在众人的一片诧异声中，辞了职。然后在北京的平安街上，开了一家叫“二友聚”的小饭店，虽然饭店很小，只有 4 张桌子，可每个月的收入都在 1 万元，在人人都不是很富裕的 20 世纪 90 年代，月月都是“万元户”，让他感觉非常高兴和自豪。

可是，很快他就发现一个问题，那就是，他每培养出来一个徒弟不久后，他们就会以各种理由作为借口，离开“二友聚”，跳槽到薪水更高的饭店去干。徒弟一走，他便不得不重新去招新徒弟，然后又手把手地教，可一旦教会又会走掉，如此反复，怎不让人心痛！

俗话说得好：“教会了徒弟，累死了师傅。”他痛彻心扉，又无可奈何地认识到，如果一个饭店太仰仗于几名大厨了，那么注定永远无法做大、做强，因为这些大厨不但要的报酬高，拿走绝大部分利润，而且还常常拿腔作势，说走就走，得罪不起。这也是中式饭店为什么

不能如肯德基、麦当劳那样做成连锁，形成规模效益的原因所在。

于是，如何开一家没有厨师、根本不受大厨限制的餐厅，成为他决心要解决的问题。他动脑筋，想办法让中餐像西式快餐一样实现标准化。

直到这个时候，他才想到自己的出身。他从家里翻出了一本老祖宗留下的宫廷菜谱，很快有一种宫廷菜肴，就进入了他的视野。这种菜只需要事先配好祖传的秘方，然后再将秘方和食材，一起放到电磁锅里加热，焖上十几分钟，就可以吃了。而且这道菜的味道远胜过传统的炸或烧，不仅入口嫩滑，而且外形整齐，色泽好看。更让他高兴的是，无论让谁来做，在什么地方做，只要按照制定好的标准比例，放入食材和配料秘方，人人做出来的味道，都是完全一样的，也就是说，这种菜肴易于标准化复制！

此时，直觉告诉他，这就是他所想要的，果然，这种焖出来的菜一经推出后，便大受欢迎，每天都是食客盈门。如今，他在全国已经发展了200多家连锁店，被业界誉为中式“肯德基”！

不错，这家饭店的名字就叫“黄记煌三汁焖锅”——将配料和食材放在顾客面前的餐桌上焖，之后便能揭锅食用，透明卫生、健康味美。而他就是黄记煌三汁焖锅的掌门人黄耕！

做徒弟时，黄耕认真观察师傅的炒菜技艺，当上大厨时，又立志将炒菜的极限定在40岁前，为了不受制于他人，又决心做一个不需要厨师的饭店。黄耕以自己的不满足和创新，打破了中餐依赖大厨，无法标准化统一味道的瓶颈，实现了最终的自我掌控。

黄耕曾说过：“如果你需要仰仗他人，那么就永远只能看别人的脸色行事，受控于别人，唯有彻底突破传统，创造出一套全新的模式来，方能改变这一切。”

黄耕的故事告诉我们，很多事情不是一气呵成的，当我们遇到这些事情的时候，应主动地去动脑筋想办法。发挥每个人身上固有的正能量，懂得让别人满意让自己高兴。只有这样，才能活出全新的自己。

第十章

能量与健康

人，应该是这个地球上到目前为止最高级的动物了，人不仅仅是1.75米、1.80米这样的具体的物质人，更是具有知识、情感、爱情、荣誉、文化的精神人。物质人与精神人所对应的物质能量与精神能量，常常又是互相兼容互为影响的。有良好的智能、意能、长期保持正面的正能量，对每一个人的身体健康，具有十分重要的意义。

欲望过盛损害身心健康

每个人的一生都有种种不同的欲望，生命也是不断地满足欲望的过程。当你满足不了自己的欲望的时候，就会失落，就会感觉到痛苦。但当你满足了欲望的时候，又会莫名地感到无聊。人的欲望就像一个被拉长了的橡皮筋，当它被你拉长却找不到挂靠的地方的时候，就会弹回来打中自己。欲望也像是一个无底洞，终其一生也未必能将它填满，只有适当地消减自己的欲望，懂得知足常乐，才会健康，才能在人生旅途中得到更多的幸福。

一位行者到寺庙中拜谒在这里修行的禅师，希望禅师能够解开他心中的疑惑。行者问道："禅师，人的欲望是什么？"

禅师看了一眼行者，说道："你先回去吧，明天中午的时候再来，记住不要吃饭，也不要喝水。"尽管行者并不明白禅师的用意，但还是照办了。

第二天，他再次来到禅师面前。"你现在是不是饥肠辘辘、饥渴难耐？"禅师问道。

"是的，我现在可以吃下一头牛，喝下一池水。"行者舔着干裂的嘴唇回答道。

禅师笑了笑："那么你现在随我来吧。"

二人走了很长一段路，来到了一片果林前。禅师递给行者一只硕大的口袋，说："现在你可以到果林里尽情地采摘鲜美诱人的水果，但必须把它们带回寺庙才可以享用。”说罢转身离去。

夕阳西下的时候，行者肩扛着满满的一袋水果，步履蹒跚、汗流浃背地走到禅师面前。“现在你可以享用这些美味了。”禅师说道。

行者迫不及待地伸手抓过两个很大的苹果，大口大口地咀嚼起来。顷刻间，两个苹果便被他狼吞虎咽地吃了个干净。行者抚摸着自己鼓胀的肚子疑惑地看着禅师。

“你现在还饥渴吗?”禅师问道。

“不，我现在什么也吃不下了。”

“那么这些你千辛万苦背回来却没有被你吃下去的水果又有什么用呢?”禅师指着那剩下的几乎是满满一袋的水果问。

行者顿时恍然大悟。其实，对于行者来说，真正需要充饥的仅仅是两个苹果而已，这个欲望是追求健康和身体的舒适，而剩余的欲望也只不过是些毫无用处的累赘罢了。

人有欲望固然最好，但不要把它演变成强烈的蛊惑人心的毒药，就会使心灵变得扭曲，危害精神健康。面对自己，面对他人，时刻保持着平和的心态，体验悠然自得的人生。当我们有所欲望，那证明自己多少对现状有所不满，总想得到更多，来使人生变得更加完美。但有时无限制的欲望往往会使自己误入歧途，最终受到伤害的往往会是自己。人无完人，我们每个人都不是十全十美的。所以我们要学会承认及包容自己某些方面的不足。但这种承认及包容并不等于自我否定、自甘堕落，而是学会发现、接受、改善等一系列的改造过程。通过不断地完善，有节制地满足自己的欲望，善待不够完美的自己的身心，这不但是一种非常重要的能力，也是一种高尚的品质。在此过程中，我们放下了虚无缥缈的欲望，使心静下来，从而获得悠然自得的人生。

每个人的欲望都有一个相对应的欲望对象，存在着一种互相强化的关系。当你的欲望没有得到满足的时候，这种关系将越发的强烈。当一个人无法控制好欲望对象，无法掌握自己欲望的时候，会因为缺乏自制力而在

事业上难以取得成功。“春秋五霸”之一的楚庄王，就是一个能主动隔绝欲望对象的典型例子。

有一次，令尹子佩请楚庄王赴宴，他爽快地答应了。子佩在京台将宴会准备就绪，就是不见楚庄王驾临。第二天子佩拜见楚庄王，询问不来赴宴的原因。楚庄王对他说：“我听说你在京台摆下盛宴。京台这地方，向南可以看见料山，脚下正对着方皇之水，左面是长江，右边是淮河，到了那里，人会快活得忘记了死的痛苦。像我这样德性浅薄的人，难以承受如此的快乐。我怕自己会沉迷于此，流连忘返，耽误治理国家的大事，所以改变初衷，决定不来赴宴了。”

楚庄王懂得如何克制自己的欲望，与欲望对象保持一定的距离。因此在登基后才有了“三年不鸣，一鸣惊人；三年不飞，一飞冲天”的典故，最终成为一个治国有方的君王。

纵观古往今来，凡成大事者，都有强烈的欲望。其实，有欲望并不可怕，但不能被欲望所控制，如若不能主宰自己的欲望，那就尽可能地远离那些迷惑的对象。也有很多人因为有着太过强烈的欲望，导致忍受不了别人比自己优秀，从而产生嫉妒心理，给自身极大的压力，但最终一无所得，反而令自己身心疲惫。

历史上也有很多因为有着过于强烈的欲望而导致悲惨结局的故事。

战国时期的庞涓由于欲望太强烈，嫉妒孙膑，想方设法地陷害孙膑，但在最终的战场上，庞涓还是倒在了孙膑的麾下；《三国演义》中的周瑜也是因为不忍多次败给诸葛亮，最终被箭射中，怒火攻心，临逝前仰天长叹“既生瑜，何生亮”；英国戏剧大师莎士比亚笔下的奥赛罗原本是一个英勇善战、睿智高尚的绅士，却轻信小人的谗言，控制不了仇恨的欲望，杀死了自己纯洁的妻子，最终在真相面前拔剑自刎，造成了不可挽回的惨剧。可见欲望过盛，不但没有健康可言，连命都保不住。

在一座寺院里，来了一个客人。这个人衣着光鲜，气宇不凡，他向寺院的住持请教这样一个问题:“人怎样才能清除掉自己的欲望?”

住持微微一笑,转身进内室拿来一把剪子,对客人说:“施主,请随我来!”住持把来客带到寺院外的山坡。

在那里,满山的灌木都被修剪得整整齐齐。住持把剪子交给客人,说道:“您只要能经常反复修剪一棵树,您的欲望就会消除。”

客人疑惑地接过剪子,走向一丛灌木,咔嚓咔嚓地剪了起来。一壶茶的工夫过去了,住持问他感觉如何。客人笑笑:“感觉身体倒是舒展轻松了许多,可是日常堵塞心头的那些欲望好像并没有放下。”

住持颔首说道:“刚开始是这样的,经常修剪,就好了。”客人走的时候,跟住持约定他10天后再来。

10天后,这个客人来了,16天后,客人又来了。3个月过去了,客人已经将那棵灌木修剪成了一只初具规模的“兔子”。客人告诉住持自己每次修剪的时候,都能够气定神闲,心无挂碍。可是,一离开寺庙,所有欲望依然像往常那样冒出来。住持笑而不言。当客人的“兔子”完全成型之后,住持又向他问了同样的问题,得到了一样的回答。

这次,住持对客人说:“施主,你知道为什么当初我建议你来修剪树木吗?我只是希望你每次修剪前,都能发现,原来剪去的部分,又会重新长出来。这就像我们的欲望,你别指望完全消除。我们能做的,就是尽力把它修剪得更美观。放任欲望,它就会像疯长的灌木,丑恶不堪。但是,经常修剪,就能成为一道悦目的风景。对于名利,只要取之有道,用之有道,利己惠人,它就不应该被看作是心灵的枷锁。”

人生的轨迹并非像预设的那样一帆风顺,总有无休止的欲望来调剂着,有时平静得泛不起丝毫涟漪,有时却波涛汹涌。只有保持着一颗清净如水的心灵,才能有益于身心健康,才能从容地面对人生。

心静气又顺，健康自然来

马克思有句名言：“一种美好的心情要比十服良药更能解除生理上的疲惫和病理上的痛苦。”可见好心情比什么都重要。心静气又顺，健康自然来。心情好，一切才好。

从医学、心理学的角度来看，一个人最好的心情是宁静，是拥有一份内在的平静感。人生每时每刻都会有不如意的事在身边发生，让人不得安宁，困难和挫折也在所难免。宁静的心情就是不论顺境逆境，无论生活和环境如何变化，都能心平气和地面对一切，都能泰然处之，始终如一，处于从容的状态，沉着、乐观地生活和奋斗。一个心情宁静的人真正做到了内心和谐，把什么事情都看得透，放得下，拥有这样的心情，焉能不健康长寿？

20 世纪 50 年代，马寅初老人提出“人口论”，观点非常好，结果挨批判，若干职务都遭到撤销。这么大的打击，还不郁郁而死？结果马老什么事也没有，回家后写了副对联：“宠辱不惊，闲看庭前花开花落；去留无意，漫观天外云展云舒。”最后活到 102 岁，终于为他平反了。

这个例子充分证实，好的心情是健康的活化素，坏的心情则是疾病的催化剂。

那么何为静气呢？所谓静气，不仅仅是指让我们的身体安静下来，更重要的是让我们的心灵安静下来。静气是一种应急的态度。也就是说在重大事件发生时，不是紧张慌乱，自乱阵脚，而是情急生智或从容应对，所以说，静气是一种主观性极强的态度。

其实，我国传统文化自古就有“养气”“治气”之说。孟子说：“我善养吾浩然之气。”诸葛亮在他的《诫子书》中要求他的儿子“淡泊以明志，宁静以致远”。“养气”“治气”，说白了，就是性格的塑造、心理素质的培养、心态的调整，是一个人通过增强自己的修养，实现自我提高和自我超越。

为什么要"养气""治气"？让我们从历史故事中寻找启迪。

> 南北朝的时候，宋少帝品性恶劣。于是，顾命大臣徐羡之、傅亮、檀道济、谢晦决定废宋少帝，另立新君。举事前一天，檀道济住在谢晦家。当晚，谢晦忐忑不安，辗转反侧，难以入眠。再看身边的檀道济，睡熟得像块木头，鼾声如雷。次日，四人率兵入宫，废了少帝，另立明君。谢晦因此对檀道济"每临大事有静气"的镇定功夫佩服得五体投地。
>
> 后来，谢晦因事反叛。宋文帝派檀道济去讨伐。宋文帝问："此去预计结果怎样?"
>
> 檀道济说："论出谋划策自己是无论如何比不上谢晦。但是论两军交锋，谢晦不是自己的敌手，估计可以一战而擒之!"
>
> 事情的结局不出檀道济所料。谢晦一听檀道济率兵前来讨伐，方寸大乱，指挥无度，进退失据，兵败被擒。

论谋略，谢晦的才能是一流的。他的失败，关键就在于他遇事不能保持心理镇静，少了"每临大事有静气"的修养。

著名的"淝水之战"，东晋不足10万的兵力要抵御前秦百万虎狼之师，形势不可谓不凶险。但是，主帅谢安此时却在后方不慌不忙地下着围棋。等到前线军报传来，他只随意地看了一眼，然后又继续下棋。旁边的人实在忍不住了，上前询问前方战况。此时，谢安才轻描淡写地说道："小儿辈已破敌。"谢安正是因为有"静气"，也就是拥有"泰山崩于前而色不变，麋鹿兴于左而目不瞬"的气度，也就是"能沉得住气"，才取得了"淝水之战"以少胜多的大捷。

晚清两代帝师翁同常教导弟子"每临大事有静气"。他认为：自古以来贤圣之人，越是遇到惊天动地的大事、险事，越能心静如水，处变不惊。古往今来，凡成大事者必有静气。

毛泽东在长征途中面对万千敌军的围追堵截，泰然处之，用"静气"一次次带领红军化解危机，创造出夺占娄山关、四渡赤水等一系列辉煌战例，在危急关头力挽狂澜，在“谈笑间”让蒋家王朝“樯橹灰飞烟灭”。

无数事实说明，凡事胜败的关键就在于临场发挥，在于对知识的灵活运用，更在于自身的状态调整。仅仅有见识还是不够的，要有足够的胆量来贯彻实施你的见识、你的谋略，才能真正取得成功。

一个人的静气从何而来？这不一定是天生的，而是需要不断地去积累和历练的。据说航天英雄杨利伟在航天飞行的过程中心率始终在每分钟 70 次左右，这要是一般人可做不来这一点，尤其是在飞船里能做到心如止水，用带着航空手套的手操作电脑键盘，难度之大不言而喻，并且还是在万众瞩目的情况下，能保证各种操作的零失误，对于常人这简直是不可能完成的任务。当他载誉而归时面对记者吐露真情：“经过十几年如一日不厌其烦地刻苦训练，不断积累经验，普通人也能完成这样的操作。”这话说得很有道理，当我们决心培养静气的时候，一定要记住这可不是一朝一夕的事，这个过程就像“铁杵磨针”一样，充满了艰辛。

为了提高自己的“每临大事有静气”的修养，我们可以从以下几个方面加强修炼。

（1）参透人生

一架飞机快要失事了，机上的乘客惊慌失措，乱成一团。只有一位老绅士举止如常，平静地坐在自己的座位上，保持着彬彬有礼的绅士风度。一场虚惊过后，乘务人员问他为什么在那么危险的情况下还能保持镇静？他说：“在那种情况下，你唯一能控制的，就是风度了。”这位老绅士是一位参透了人生的哲人。

（2）眼光长远，着眼全局

“风物长宜放眼量。”下围棋的人都知道，谋棋谋全局，一棋一子的得失并不重要。如果你处事有一种俯瞰全局视角，对事情的处理有一种长远的眼光，就不会患得患失，为一时的得失而情绪起伏，一惊一乍，就能够保持一种平稳的心态来处理一些突发事件。

苏轼在他的《留侯论》中说：“古之所谓豪杰之士者，必有过人之节。人情有所不能忍者，匹夫见辱，拔剑而起，挺身而斗，此不足为勇也。天下有大勇者，卒然临之而不惊，无故加之而不怒，此其所挟持者甚大，而其志甚远也。”

（3）有备无患

平时多把事情想复杂一点，多想几种可能性，就像下棋一样，多往后想几步，多准备几套备用方案，一旦有事，就不会惊慌失措，方寸大乱。

（4）分清轻重缓急

这其实是第三点“有备无患”的引申。平时多想想什么是自己的真正目标，什么对自己是最重要的，什么是原则问题，什么是主要矛盾，什么是大的框架，什么是关键点，等等。一旦有事，处理起来就能利刀斩乱麻，干脆利落。

（5）清楚自己的底线

在最坏的情况下，要壮士断臂了，清楚自己能承受什么样的最大损失。有人去问大银行家摩根，说他经常担心自己的仓位，睡不着觉。摩根说：“那就把仓位减到能让自己睡着的程度。”

一个人的事业做得越大，他要承受的风险也就越大。这是无可逃避的。只有把自己能承受的最大风险想透了，有充分的心理准备了，才能做到“每临大事有静气”。

（6）平时增强修养，提高自己的专业素质

关于这一点，要注意对3种情况下的修养，保持平静的心态。

第一种是恐惧。恐惧是人逃生的本能，但是，这种本能往往会让你的大脑失去冷静，不能正常运转，在复杂的情况下做出错误决策。有时候，恐惧甚至让你不敢作出决策，束手待毙。

我们大家都知道，小沟渠上的独木桥，不但大人能过，连小孩子都可以顺利过去。但是，如果是万丈深渊上的独木桥，两边是千仞峭壁，下面是烟雾滚滚，深不见底，扔一块石头，都听不到回声，这样的独木桥，除了训练有素的专业人员，一般人都未必有胆量过去。事业做得越大，人就越孤独，在万丈深渊上过独木桥的机会也越多。这就需要平常加强训练。

第二种是激怒。人在被激怒的情况下会做出非理智行为，这已被现代

心理学所证明。我们都熟知《三国演义》，器量小的周瑜被诸葛亮气得吐血身亡，而老谋深算的司马懿只是笑了笑：“呵呵，孔明把我当作女人呀!”让诸葛亮碰个软钉子。所以，当有人故意气你，想让你激怒之下失去理智，你就直截了当地点出他的意图，表明不上当。

在任何情况下都不要生气，不要激怒。须知，威严是用实力来体现，不是用愤怒来体现的。一手拿着萝卜，一手拿着大棒，就算是你满脸笑脸，慈祥得像弥勒佛，大家对你都会唯唯诺诺，言听计从。

第三种是得意之时。这个时候往往自我膨胀，自信心爆棚，以为自己无所不能，最后头脑发热、在思考中出现疏忽和漏洞。这时候如果出现突变，往往疏于防范，措手不及。《三国演义》中的曹操在降服张绣之后头脑发热，结果累得儿子把命丢了，自己也是死里逃生。

总之，浮躁的社会，心静者胜出。养一点静气，我们遇事时从容不迫，举重若轻；养一点静气，我们无事平和，超越自我。只要凡事不歪不斜、不骄不躁、不卑不亢、不偏不倚，则杂气自去，静气自来。浩然处世，静气养身，在平凡的生命历程中发掘真我，为平庸的日子增添一抹亮色。

接纳自己，让生命健康和完整

每个人都是不完美的，每个人的身上都有不愿触碰的阴暗面。对于这些阴暗面，亲朋好友不愿接受，我们自己也不愿面对。于是，我们只能使尽浑身解数，利用各种办法使自己伪装成所谓的好人，不过这样活得会很累。事情是对立的，两面性的，这也意味着我们每个缺点的背后总会隐藏着优点，也许是我们自己没发现罢了。犹豫不决的人或许是因为考虑得比较周全，急性子的人或许办事效率会比常人高，好出风头的人或许是有较强的表现欲，生活不规律的人或许是内心向往着自由。也就是说，这些阴暗面也是我们生命的一部分，只有我们真心的去面对他、拥抱他、包容他，我们才能从中发现珍贵的东西，才能活出健康完整的生命。

《罗兰小语》中有这样一段话："既然无力兼济天下，那么独善其身也好。从自己本身做起，让自己宽大些、平和些，多存几分仁恕，少用几分抱怨。承认自己和世界都是如此不完美的，所以也不必为此烦恼。"

在这个世界上，只有我们自己能给自身以心平气和的感觉，通过一些对自身有益的事情，来对我们自己以及周围的人更加的包容。切不可抱怨自己的缺点，对自己的生活产生不满，自寻烦恼，这样只会让我们的生活与工作更加的不顺心。

在美国南北战争期间，有一个名叫罗斯维尔·麦金太尔的年轻人，因为临阵脱逃的罪名，被军事法庭判处死刑。

麦金太尔的母亲向当时的总统林肯发出请求：自己的儿子需要第二次机会来证明自己。经过一番深思熟虑后，林肯最终决定宽恕这名年轻人，他说："我认为，把一个年轻人判处死刑，对他本人来说没有一点好处。"为此他亲自写了一封信："本信将确保罗斯维尔·麦金太尔重返骑兵营，在服完规定年限后，他将不受临阵脱逃的指控。"

如今，这封退了色的林肯亲笔签名信，被一家著名图书馆收藏展览。在这封信的旁边还附带了一张纸条，上面写着："罗斯韦尔·麦金太尔牺牲于弗吉尼亚的一次激战中，此信是在他贴身口袋里发现的。"

被给予了第二次机会的麦金太尔，由懦弱的士兵变成了英勇无畏的勇士，并且战斗到自己生命的最后一刻。由此可见，宽恕的力量是何等巨大。只有宽恕才能给别人凤凰涅槃的机会。

经常听别人说起，生活很累，工作很累。殊不知其实我们每个人原本都可以活得很轻松很潇洒，如果忘记不愉快的经历，捅破人与人之间冷漠的隔阂，彼此多一些宽容，少一些苛求的话，我们的人生一样会很精彩。

接纳是人与人之间必不可少的润滑剂。接纳别人是对对方的尊重，而接纳自己也是对自己的一种认可，一种通往成功必备的行为准则。

每个人的一生都看似来去匆匆，我们在亲人的期盼中诞生，又在亲人的悲伤中离开，我们无法决定自己的生死，但我们应该积极向上的去度过一个完美的人生。人的一辈子有很多无可奈何，也有很多恩恩怨怨，可回头想一想，人生不都是这样的吗。那些所谓的看不开的最终都将会烟消云散，没有什么是不能化解的，没有什么是不能消气的。

之前说过每个人都有自己不愿触碰的阴暗面，轻浮、胆怯、贪婪、懒惰、恼怒、丑陋、自私、脆弱，这些或多或少的存在于我们的身上，而我们又往往极力掩饰这些特质。这些特质并不会因为我们的否定而消失，而是悄悄地影响着我们对自己的认同感。当我们触及到他们时，第一反应或是逃避，或是撇清与它们的关系，哪怕花费额外的时间与金钱。这反而唤起了我们的注意，当我们松懈时，这些阴暗面会重新浮现出来。所以为了遏制住他们，我们需要付出大量的精力，但往往这种付出是没有意义的。

诗人罗伯特·布莱把阴影形容为“每个人背上负着的隐形包裹”，我们在长大成人的过程中，会把越来越多的东西塞进包裹里。布莱认为，在生命的前几十年里，我们总是努力想把包裹填满，而在生命的后几十年里，又会努力把包裹清空，减轻肩上的负担。

很多人都对自己内心的阴暗面感到恐惧，不愿正面对待。殊不知，只有勇敢地去面对这些阴影，才能真正去感受生活，找回完美的自我。承认和接纳完整的自我，意味着平等地对待自己的每一项特质。了解控制欲究竟能产出什么样的效果，能带给我们什么。既不彰显也不刻意地压抑。接受控制欲的馈赠，用包容的心来对待自己。

下面是一个来自越战归来的美国士兵的故事：

> 他从旧金山打电话给他的父母，告诉他们：“爸妈，我回来了，可是我有个不情之请。我想带一个朋友同我一起回家。”
>
> “当然好啊！”他们回答，“我们会很高兴见到的。”
>
> 不过儿子又继续说下去：“可是有件事我想先告诉你们，他在越战里受了重伤，少了一条胳臂和一只脚，他现在走投无路，我想请他

回来和我们一起生活。”

“儿子，我很遗憾，不过或许我们可以帮他找个安身之处。”父亲又接着说，“儿子，你不知道自己在说些什么。像他这样残障的人会对我们的生活造成很大的负担。我们还有自己的生活要过，不能就让他这样破坏了。我建议你先回家然后忘了他，他会找到自己的一片天空的。”

就在此时，儿子挂上了电话，他的父母再也没有他的消息了。

几天后，这对父母接到了来自旧金山警局的电话，告诉他们亲爱的儿子已经坠楼身亡了。警方相信这只是单纯的自杀案件。于是他们伤心欲绝地飞往旧金山，并在警方带领之下到停尸间去辨认儿子的遗体。那的确是他们的儿子，没错，但惊讶的是儿子只有一条胳臂和一条腿。

故事中的父母跟很多人一样喜爱外貌正常或举止有方的人，遇到会对自身生活产生影响的人的时候就会表现出冷淡。我们总是希望和一些身体或身心看上去不是很健康的人保持一定的距离，而故事里的儿子就是因为父母的不包容而离开了世界。

父母的行为，看似没有包容他们的儿子，实则也是没有包容他们自己，在儿子伤痕累累的时候，人生中最后一站希望之灯也熄灭了。

简约的生活，健康的身心

简单不一定最美，但最美的一定简单，最美的生活也应当是简单的生活。简单就是不再以金钱多寡衡量生活质量，而是以自由、平和、快乐的精神状态悠闲地生活。简单真实地生活，为内在的自己而活，就能活出幸福感，活出身心的健康。

简约，会使一个人越来越富有感受力，而一个具有感受力的心灵才能够迅捷地感知幸福。只有当一个人懂得了心灵为何会依附于某种信仰，从而摆脱了各种信仰的束缚获得自由时，简约才会出现。

从前，有一座圆音寺，每天都有许多人上香拜佛，香火很旺。在圆音寺庙前的横梁上有个蜘蛛结了张网，由于每天都受到香火和虔诚的祭拜的熏陶，蜘蛛便有了佛性。经过了一千多年的修炼，蜘蛛佛性增加了不少。

忽然有一天，佛祖光临了圆音寺，看见这里香火甚旺，十分高兴。离开寺庙的时候，不经意间地抬头，看见了横梁上的蜘蛛。佛祖停下来，问这只蜘蛛："你我相见总算是有缘，我来问你个问题，看你修炼了这一千多年来，有什么真知灼见。怎么样?"

蜘蛛遇见佛祖很是高兴，连忙答应了。佛祖问道："世间什么才是最珍贵的?"

蜘蛛想了想，回答道："世间最珍贵的是'得不到'和'已失去'。"佛祖点了点头，离开了。

就这样又过了一千年的光景，蜘蛛依旧在圆音寺的横梁上修炼，它的佛性大增。一日，佛祖又来到寺前，对蜘蛛说道："你可还好，一千年前的那个问题，你可有什么更深的认识吗?"

蜘蛛说："我觉得世间最珍贵的是'得不到'和'已失去'。"

佛祖说："你再好好想想，我会再来找你的。"

又过了一千年，有一天，刮起了大风，风将一滴甘露吹到了蜘蛛网上。蜘蛛望着甘露，见它晶莹透亮，很漂亮，顿生喜爱之意。蜘蛛每天看着甘露很开心，它觉得这是三千年来最开心的几天。突然，又刮起了一阵大风，将甘露吹走了。蜘蛛一下子觉得失去了什么，感到很寂寞和难过。

这时佛祖又来了，问蜘蛛："蜘蛛这一千年，你可好好想过这个问题：世间什么才是最珍贵的?"

蜘蛛想到了甘露，对佛祖说："世间最珍贵的是'得不到'和

‘已失去’。”

佛祖说：“好，既然你有这样的认识，我让你到人间走一遭吧。”就这样，蜘蛛投胎到了一个官宦家庭，成了一个富家小姐，父母为她取了个名字叫珠儿。

光阴似箭，珠儿一晃到了16岁，已经成了个婀娜多姿的少女，长得十分漂亮，楚楚动人。

这一日，新科状元郎甘鹿进士及第，皇帝决定在后花园为他举行庆功宴席。当时来了许多妙龄少女，包括珠儿，还有皇帝的小公主长风公主。状元郎在席间表演诗词歌赋，大献才艺，在场的少女无一不被他折服。但珠儿一点也不紧张和吃醋，因为她知道，这是佛祖赐予她的姻缘。

过了些日子，说来很巧，珠儿陪同母亲上香拜佛的时候，正好甘鹿也陪同母亲而来。上完香拜过佛，二位长者在一边说上了话。

珠儿和甘鹿便来到走廊上聊天，珠儿很开心，终于可以和喜欢的人在一起了，但是甘鹿并没有表现出对她的喜爱。珠儿对甘鹿说：“你难道不曾记得十六年前，圆音寺的蜘蛛网上的事情了吗?”

甘鹿很诧异，说：“珠儿姑娘，你漂亮，也很讨人喜欢，但你想象力未免丰富了一点吧。”说罢，和母亲离开了。

珠儿回到家，心想，佛祖既然安排了这场姻缘，为何不让他记得那件事，甘鹿为何对我没有一点的感觉？几天后，皇帝下诏，命新科状元甘鹿和长风公主完婚；珠儿和太子芝草完婚。

这一消息对蛛儿如同晴空霹雳，她怎么也想不同，佛祖竟然这样对她。几日来，她不吃不喝，穷究急思，灵魂就将出壳，生命危在旦夕。

太子芝草知道了，急忙赶来，扑倒在床边，对奄奄一息的珠儿说道：“那日，在后花园众姑娘中，我对你一见钟情，我苦求父皇，他才答应。如果你死了，那么我也就不活了。”说着就拿起了宝剑准备自刎。

就在这时，佛祖来了，他对快要出壳的珠儿灵魂说：“蜘蛛，你可曾想过，甘露（甘鹿）是由谁带到你这里来的呢？是风（长风公主）带来的，最后也是风将它带走的。甘鹿是属于长风公主的，他对你不过是生命中的一段插曲。而太子芝草是当年圆音寺门前的一棵小草，他看了你三千年，爱慕了你三千年，但你却从没有低下头看过它。蜘蛛，我再来问你，世间什么才是最珍贵的？”

蜘蛛听了这些真相之后，好像一下子大彻大悟了，她对佛祖说：“世间最珍贵的不是‘得不到’和‘已失去’，而是现在能把握的幸福。”刚说完，佛祖就离开了，珠儿的灵魂也回位了，睁开眼睛，看到正要自刎的太子芝草，她马上打落宝剑，和太子深深地抱在了一起。

故事结束了，领会珠儿最后一刻所说的话“世间最珍贵的不是‘得不到’和‘已失去’，而是现在能把握的幸福”，会让我们有这样的认识：如果我们都能冷静地看到自我，做到内心的简约，那么幸福与快乐就不远了。

一个追逐现实、希望有所获得或处于不安和焦虑之中的心灵，并不是一个简单的心灵。当心灵顺从于某种模式，无论内在的还是外在的，它就不可能拥有感受力。我们出于恐惧而去顺从舆论，顺从佛陀、基督，顺从其他人所说的话，所有这些，都揭示出我们具有一种顺从和渴望安全感的本性。当一个人寻觅着安全感时，他就显然处于一种恐惧的状态之中，因而也就没有所谓的简单可言了。

不做到简单，一个人就无法拥有对我们周围所有事物的感受力。实现简单的唯一方式便是认识自我，了解我们自己，懂得我们思想的运动，我们的反应。只有当心灵真正地拥有了感受力和机敏，意识到了自身所发生的一切，意识到了反应和思想，只有当它不再不停地想要变成怎样，不再把自己塑造成某种样子，只有在这时，它才有能力去接纳真理。

居里夫人一生淡泊、谦虚，不喜欢世俗的恭维与赞扬，不关心个人的名利与地位。在发现镭和提炼成功以后，她不请求专利，也不保留任何权利。她认为，镭是一种元素，应该属于全人类。她向全世界公开他们的提镭方法。对她和她的丈夫花费十几年制备出来的，约值 10 万美元的一克镭，全部交给了镭学研究所，不取分文。对美国妇女界捐赠给她的一克镭，也不据为私有，一半给了法国镭学研究所，一半给了华沙的镭学研究所。在将镭用于治疗癌症时，她和她的丈夫本可以一夜之间成为百万富翁，但是他们商定，不要他们的发明带来的一切物质利益。她是为了人类的进步和文明而活着，并为人类的文明贡献了毕生的精力，因而她是幸福的。

野心终止了，幸福也就开始了。在生活中不断地想要更多不是错误，但是被这些想法纠缠住的话可就不好了。总的来说，幸福来源于我们自己。只有当一个人的内心完全自由时，他才能够寻找到简单。只有简单的心灵，才能够接近幸福并感受幸福。

第十一章

能量与人际

人是一种社会动物，每一个人一生下来既是自己的又不是自己的，而是一个处于各种人际关系网络中的社会。人们在生活、劳动、工作过程中会建立各种各样的人际关系，包括亲属关系、朋友关系、战友关系、同学关系、同事关系、职业业务关系等，可以说每个个体的思想、价值、态度、个性、行为，决定着这种“关系”的好坏。这种“关系”在现今还具有巨大的广义能量，所谓“人脉决定财脉”“关系决定成功”“圈子决定品位与事业”就是这个道理。会经营人生、事业，必定是处理“人际关系”的高手，亦是运用正负能量的高手。

诚实的能量赢得人尊敬

诚实是一种软实力，是一种巨大的正能量，在人际关系中有着更为重要的意义。比如在对待错误这个问题上，诚实坦诚地承认错误，常常会带来好的效果。我们知道，在我们的工作与生活中，常常会不经意地犯一些错误，当我们发现了错误的时候，一般会有两种处理的方法：一种是坦然的承认错误，另一种是拒不认账。有些人怕犯错误，有些人不怕犯错误，其实这都没什么，可怕的是犯了错之后不认错、不改错。如若坦然承认错误，并加以弥补，这样对今后的工作生活都能施以帮助，也会得到更多的认可与信任，这样何乐而不为呢？

能够诚实地承认错误，古人早为我们树立了榜样。

春秋时期的大教育家孔子开办私学，收了很多学生。有一天，孔子带领着子路、子贡、颜渊等几个门生外出讲学。师生们来到海州，天空忽然电闪雷鸣，狂风暴雨大作。当地的一个老渔翁把他们领进一个山洞避雨。

这山洞面对着大海，是老渔翁平常歇脚的地方。孔子觉得洞里有点闷热，便走到洞口，观看雨中的海景，看着看着，不觉诗兴大发，吟成一联：“风吹海水千层浪；雨打沙滩万点坑。”

老渔翁听了忙道：“先生，你说的不对呀！难道海浪整头整脑只有千层，沙坑不多不少正好万点？先生你数过吗？”

孔子觉得老渔翁的活有几分道理，便问道：“既然不妥，怎样才合适呢?”

老渔翁不慌不忙地说:“咱生在水边，长在海上，时常唱些渔歌。歌也罢，诗也罢，虽说不必真鱼真虾，但字字实在，可也得合情合理，句句传神。依我看，你那两句应当改成这样‘风吹海水层层浪，雨打沙滩点点坑。’浪层层，坑点点，数也数不清，这才合乎情理。”

子路在一旁听了，很恼火老渔翁这样和老师说话，就冲着他说:“哎哎，圣人作诗，你怎能乱改!”

孔子喝道:“子路！休得无礼!”

老渔翁拍着子路的肩膀说:“圣人有圣人的见识，但也不见得样样都比别人高明。比方说，这鱼怎么打法，你们会吗?”一句话，把子路问得哑口无言。

老渔翁瞧着子路的窘态，也不答话，飞身奔下山去，跳上渔船，撒开渔网，打起鱼来。

孔子看着老渔翁熟练的打鱼动作，想着他谈海水、改诗句、议“圣人”、责子路的情形，猛然间发觉自己犯了个大错误，于是把门生招拢在一起，严肃地说:“为师以前对你们讲过‘生而知之’，这句话错啦！大家要记住。知之为知之，不知为不知，是知也!”

说罢，孔子顺口吟出小诗一首:“登山望沧海，茅塞豁然开；圣贤若有错，即改莫徘徊!”

孔子对待错误的态度和方法，不仅赢得了他的学生们的钦佩，也对后世产生了深远影响，值得后人效仿。当然，孔子之所以能做到“知错必改，善莫大焉”，是因为他是个崇尚道德的人。

孔子有一个学生，叫公伯寮，他可能是孔子学生里面最糟糕的一个，被后人称之为“圣门蟊螣”。他竟然在孔子“堕三都”的关键时刻，在季氏的身边说子路的坏话，导致子路丢了职务，对堕三都的失败以及孔子的离开鲁国，都负有相当的责任。

鲁国有一个大夫叫子服景伯，对孔子说:“你的这个学生实在太

坏了，如果你允许的话，我有力量杀了他，让他暴尸大街。”

孔子说：“我的道如果能够行得通，那是命，如果我的道行不通，那也是命。跟公伯寮没关系。”

孔子嘉许子服景伯的忠心，但断然不能听他的杀人的建议。这是一种是非判断，体现了他的道德理念。公伯寮坏，但是假如我们用杀人的方法来对待这样的人，那我们就更坏。用极端的手段，用杀人的手法来清除异己，是不道德的行为。

为什么孔子不赞成人们用极端方式来履行道德？为什么孔子反对用极端的手段来实现正义维护道德？因为一切极端手段必隐含着对另一种价值的破坏，而且极端手段所蕴涵的破坏性往往指向更原始更基本的价值。极端手段比起一般的不道德行为危害更大，结果更不道德。所以，从这个意义上说，孔子是一个道德主义者，实在是非常非常重要，我们的民族也因此非常幸福和幸运。

从古到今，金无足赤，人无完人。我们每个人都会犯错，即使是知识渊博的大圣人孔子也一样，无人例外。但犯了错误，你是竭力掩饰还是坦白承认？竭力掩饰或许可暂时保全面子，但长期下来，你的良心会受到谴责。如果坦白承认，别人也不一定就因此看扁你，反而会为你的勇气和真诚大加赞赏。

英国剧作家莎士比亚曾说过，没有一处遗产像诚实那样丰富的了。在美国纽约的河边公园里矗立着“南北战争阵亡战士纪念碑”，每年有许多游人来祭奠亡灵。美国十八届总统、南北战争时期担任北方军统帅的格兰特将军的陵墓，坐落在公园的北部。陵墓高大雄伟、庄严简朴。陵墓后方，是一大片碧绿的草坪，一直绵延到公园的边界、陡峭的悬崖边上。

格兰特将军的陵墓后边，更靠近悬崖边的地方，还有一座小孩子的陵墓。那是一座极小极普通的墓，在任何其他地方，你都可能会忽略它的存在。它和绝大多数美国人的陵墓一样，只有一块小小的墓碑。在墓碑旁边的一块木牌上，却记载着一个感人至深的关于诚信的故事：

故事发生在两百多年以前的1797年。这一年，这片土地的小主人才5岁时，不慎从这里的悬崖上坠落身亡。其父伤心欲绝，将他埋葬于此，并修建了这样一个小小的陵墓，以作纪念。数年后，家道衰落，老主人不得不将这片土地转让。出于对儿子的爱心，他对今后的土地主人提出一个奇特的要求，他要求新主人把孩子的陵墓作为土地的一部分，永远不要毁坏它。新主人答应了，并把这个条件写进了契约。这样，孩子的陵墓就被保留了下来。

沧海桑田，一百年过去了。这片土地不知道辗转卖过了多少次，也不知道换过了多少个主人，孩子的名字早已被世人忘却，但孩子的陵墓仍然还在那里，它依据一个又一个的买卖契约，被完整无损地保存下来。到了1897年，这片“风水宝地”被选中作为格兰特将军陵园。政府成了这块土地的主人，无名孩子的墓在政府手中完整无损地保留下来，成了格兰特将军陵墓的邻居。

一个伟大的历史缔造者之墓，和一个无名孩童之墓毗邻，这可能是世界上独一无二的奇观。

又一个一百年以后，1997年的时候，为了缅怀格兰特将军，当时的纽约市长朱利安尼来到这里。那时，刚好是格兰特将军陵墓建立一百周年，也是小孩去世两百周年的时间，朱利安尼市长亲自撰写了这个动人的故事，并把它刻在木牌上，立在无名小孩陵墓的旁边，让这个关于诚信的故事世世代代流传下去。

一般意义来讲，诚即为诚实诚恳。讲求的是人本身的道德品质。信为信用信任，讲求外信于人。字里行间看似简简单单，但没有一个人能做到真正的讲诚信。

一个士兵，非常不善于长跑，所以在一次部队的越野赛中很快就远落人后，一个人孤零零地跑着。转过了几道弯，遇到了一个岔路口，一条路标明是军官跑的；另一条路标明是士兵跑的小径。他停顿了一下，虽然对做军官连越野赛都有便宜可沾感到不满，但是仍然朝

着士兵的小径跑去。没想到过了半个小时后到达终点，却是名列第一。他感到不可思议，自己从来没有取得过名次不说，连前50名也没有跑过。但是，主持赛跑的军官笑着恭喜他取得了比赛的胜利。

过了几个钟头后，大批人马到了，他们跑得筋疲力尽，看见他赢得了胜利，也觉得奇怪。但是突然大家醒悟过来，在岔路口诚实守信，是多么重要。

一个很简单的故事，当其他人都跑向自以为是近路的时候，只有诚实的人会一如既往地选择只属于自己的道路。当你问心无愧地选择诚信的时候，它也将会给你相应的回报。

其实诚信说起来也很简单，无外乎就是不欺骗他人。诚信讲究方方面面，生活、工作、交友等都要时刻牢记讲究诚信，我们也需要靠诚信来维持关系。一个能在生活工作中讲究诚信的人必定会取得成功。诚信需要经得起诱惑，无论是多大的利益，只要是违背诚信的都不要去做，如果做了，会对自己将来有着很大的影响。和无诚信比起来，诚信要好得许多，既然诚信好，我们为什么要去选择无诚信呢？

善于分享，让幸福感倍增

分享是一道简单的公式，只要你解开了，便得到了成功的喜悦。分享是一座天平，你给予他人多少，他人便回报你多少；相反，如果你是一个自私的人，那么你就永远也不会得到真正的快乐，永远交不到知心的朋友！

分享是快乐的前提，也是一种博爱的心境，学会分享，就学会了快乐地生活。

分享是一种思想的深度，深思的同时，你分享了朋友的痛苦。

分享是一种生活的信念，明白了分享的同时，也明白了存在的意义。

匆匆岁月，如果没有分享，终将孤寂一生。谁来聆听你心中的声音？又有谁来欣赏你的精彩？分享也并不意味着失去，独占也不意味着拥有，懂得分享的人，才能收获更多。

如果你把快乐告诉一个朋友，你将得到两个快乐，而如果你把忧愁向一个朋友倾诉，你将被分掉一半忧愁。

很多年前，有3个士兵，他们从战场回来既饥饿又疲倦，便来到了一个小村庄寻找食物。然而由于粮食遭遇歉收和连年的战争，村民们迅速地将它们的一小点粮食藏了起来，并在村子的广场接待士兵们时搓着双手，哀叹着他们是多么的缺少食物。

士兵们平静地与村民们交谈着，第一个士兵对村庄的长老说道："既然你们的土地收成不好，不能分给我们些吃的，那么我们将与你们分享我们所有的，例如用石头做一道好汤的秘密。"

用石头做汤，村民们自然都十分好奇，也很期盼，就很快生起了火，架起了村里最大的一口锅。

士兵们将3颗光滑的石子丢到了锅里。"这将是一锅好汤，"其中一个士兵说，"不过如果有一撮盐和一些欧芹那就更棒啦！"

一个妇女跳了起来，喊道："多幸运啊！我刚刚想起来家里还剩下些呢！"于是她跑回家，带着满满一围裙的欧芹和一根萝卜回来了。

随着锅里的水渐渐煮沸，村民们这时的记忆力也变得越来越好，很快地，大麦、胡萝卜、牛肉还有奶油，统统被投入了这个大锅里。

他们吃啊、跳啊、唱啊，直到深夜，美妙的宴会和新结交的朋友让每个人都感到焕然一新。

当早上3个士兵醒来时，他们发现所有村民正站在他们面前。在他们脚边放着有一包这个村子最好的面包和奶酪。这时，一位长老说道："你们把最好的礼物送给了我们，就是如何从石头里做汤的秘密，这一点我们永远也不会忘记。"

3个士兵起身冲大伙说道："这并没有什么秘密，但是有一件事是

确定的：只有一起分享，我们才可能举办一次宴会。”说完，他们又踏上了路，慢慢走去了。

这3个士兵没有向村民诉说自己的忧愁，而是通过分享，给全体村民带来了享受；而被感动的村民也不吝回馈，与他们一起享受快乐的时光。由此可见，快乐分享所传递的正能量是多么的巨大！

东汉鲁国，有个名叫孔融的孩子，十分聪明，也非常懂事。孔融在村里非常的出名，一是因为他聪明好学，才思敏捷，巧言妙答，4岁时，已能背诵许多诗赋，是个远近闻名的奇童；二是他年纪小小，就懂得尊老爱幼，一段“孔融让梨”的佳话更是流传至今。

在当时，孔家有7个孩子，孔融上有5个哥哥，下还有个小弟弟，兄弟7人相处得十分融洽。这日恰逢祖父六十岁寿辰，全家上下齐聚。

酒足饭饱之后，一大盘酥梨端来，放在了桌上，哥哥和弟弟都争着抢大的吃，只有孔融默默地站在一旁，大家便问他为何不吃梨？孔融谦虚地说：“我年龄小，理应让哥哥们先拿大的。”

“那你为何又让着弟弟呢？”

“我比他大，理应让他先拿，我最后拿一个最小的。”

兄弟们听了，都羞愧的无地自容。父亲听他这么说，哈哈大笑道：“好孩子，好孩子，你真是一个好孩子，以后一定会很有出息。”其他族人也交口称赞孔融小小年纪就有谦让之美德，实在难能可贵。

后来，果然如父亲所说，孔融文才甚丰，成为了“建安七子”之首，更成为东汉有名的文学家。

孔融知道把自己想吃的东西与别人分享，通过分享梨，把一个快乐变成多个快乐。这是传统文化的价值所在。

曾经有一个父亲问他的3个儿子说：“如果有两筐容易腐烂的桃子，该怎样吃才能使容易腐烂的桃子不浪费掉一个呢？”

大儿子说：“先挑熟透的吃，因为那些容易烂掉。”

“可等你吃完那些，其余的桃子也要开始腐烂了。”父亲立即反驳道。

二儿子思考再三，说道：“应先吃刚好熟的，先拣好的吃呗！”

“如果那样的话，熟透的桃子会很快烂掉。”父亲说。然后，他把目光转移到一直沉默的小儿子身上，问道：“你有什么好办法吗?”

小儿子思考片刻，说道：“我把这些桃子分给邻居们一些，让他们帮着我吃，这样就会很快吃完而不会浪费一个桃子。”

父亲听了小儿子的话十分满意，不住地点头。

这个故事中的“小儿子”，就是现今的联合国秘书长潘基文。潘基文曾在不同场合说起这个桃子的故事。他认为，在我们与别人分享的同时，自然也会得到别人的回馈，只有那些被用于分享的桃子才会永久保鲜。

生活像是一张由无数人织编而成的巨大的网，我们每个人都置身其中。要寻求人际关系的成功，毋庸置疑，就要学会处理经营人与人之间的关系。分享不失为一个很好的办法，也是比较重要的一部分。当能与人分享之时也是你在社会的竞争中脱颖而出之时，是成长中要上好的一堂人生必修课。

赠人玫瑰，手留余香。在当今的中国，一份快乐如果乘以13亿，就是更大的快乐。一份悲伤如果除以13亿，就是渺小的悲伤。这就是分享的真谛!

包容他人，能让自己减压

包容是一门学问，学会包容的人，就学会了生活；懂得包容的人，就懂得了快乐；能够包容的人，就会在人际关系中化解矛盾，释放自己的压力。这门学问，是来自内心“慈悲喜舍、善良仁爱”的自然流露。

包容是一门艺术，它不是你随随便便可以得到，也不是随随便便可以

舍弃的东西。它是一种精神的凝聚，它是一种善良的结晶，它是人性至善至美的沉淀。

包容是一种美德，它可以使你的人格得到升华，让你的心灵得到净化。它是人修身养性的一本“真经”。

包容是一种境界，人要达到这种境界，就必须拥有博爱的心、博大的胸襟，还要有一份坦荡、一种气概。它是花瓣，被人踩倒却留香脚底。

包容是一种幸福，能够包容别人也是一种幸福，让别人心存感激更是一种幸福！人生一世，不能使自己在琐事困扰中作茧自缚，更不能在无尽痛苦中度过。

培根曾说过：“冲动，就像地雷，碰到任何东西都一同毁灭。”在日常生活中，我们经常碰见身边的人因为小事情而大发雷霆，致使自身的身心健康、人际关系、工作生活变得糟糕。

在美国一个市场里，有个中国妇人的摊位生意特别好，引起其他摊贩的嫉妒，大家常有意无意地把垃圾扫到她的店门口。这个中国妇人只是宽厚的笑笑，不予计较，反而把垃圾都清扫到自己的角落。

旁边卖菜的墨西哥妇人观察了她好几天，忍不住问道：“大家都把垃圾扫到你这里来，你为什么不生气？”

中国妇人笑着说：“在我们国家，过年的时候，都会把垃圾往家里扫，垃圾越多就代表会赚很多的钱。现在每天都有人送钱到我这里，我怎么舍得拒绝呢？你看我的生意不是越来越好吗？”

从此以后，那些垃圾就不再出现了。

这个中国妇人化诅咒为祝福的智慧着实令人惊叹，然而更令人敬佩的却是她那与人为善的宽容的美德。她用智慧宽恕了别人，也用宽大的心胸包容了他人。为自己创造了一个融洽的人际环境。俗话说，“和气生财”，自然她的生意越做越好。如果她不采取这种方式，而是针锋相对，又会怎样呢？结果可想而知。

2009 年 4 月 2 日，南非世界杯足球预选赛赛场上，大名鼎鼎的欧洲劲旅德国队和默默无闻但实力并不可小觑的威尔士队正在进行激烈的对抗。当比赛进行到下半场第 38 分钟时，场上出现了令人目瞪口呆的一幕：德国队队长、中场大将巴拉克被本队年轻的前锋波多尔斯基甩了一耳光。原因是在一次防守结束后，巴拉克批评波多尔斯基在防守中不够积极。

年轻气盛的波多尔斯基当时正为自己没有进球而郁闷不已，冲动之下便抬手给了这位在德国足坛上功勋卓著的名将一个耳光。队友和观众都认为巴拉克在大庭广众之下肯定难以忍受这样的奇耻大辱。但巴拉克却只是捂了一下被打的脸颊，又迅速投入到比赛当中。最终德国队以 20 力克威尔士队，为进军南非世界杯迈出了坚实的一步。

巴拉克在“耳光事件”上的表现赢得了媒体和球迷的一致赞许。因同队友内讧而致使球队战斗力锐减甚至惨败的事例，在世界足坛屡见不鲜。作为德国队的领军人物，巴拉克在遭受羞辱时所表现出的大将风度，为年轻球员做出了表率，对巴拉克的宽容和保护，波多尔斯基又羞又愧，他说：“我是一个白痴，巴拉克是我永远的偶像。”

只要有一颗无限宽广的心去面对那人生路上的荆棘与坎坷，那么以后的道路一定越走越宽，越走越平坦。因为心有多大，舞台就有多大。

春秋时期齐国国君齐襄公被杀。襄公有两个兄弟，一个叫公子纠，当时在鲁国（都城在今山东曲阜）；一个叫公子小白，当时在莒国（都城在今树东莒县）。两个人身边都有个师傅，公子纠的师傅叫管仲，公子小白的师傅叫鲍叔牙。两个公子听到齐襄公被杀的消息，都急着要回齐国争夺君位。

在公子小白回齐国的路上，管仲早就派好人马拦截他。管仲拈弓搭箭，对准小白射去。只见小白大叫一声，倒在车里。管仲以为小白已经死了，就不慌不忙护送公子纠回到齐国去。怎知公子小白是诈死，等到公子纠和管仲进入齐国国境，小白和鲍叔牙早已抄小道抢先

回到了国都临淄，小白当上了齐国国君，即齐桓公。

齐桓公即位以后，即发令要杀公子纠，并把管仲送回齐国办罪。管仲被关在囚车里送到齐国。鲍叔牙立即向齐桓公推荐管仲。齐桓公气愤地说："管仲拿箭射我，要我的命，我还能用他吗？"鲍叔牙说："那回他是公子纠的师傅，他用箭射您，正是他对公子纠的忠心。论本领，他比我强得多。主公如果要干一番大事业，管仲可是个用得着的人。"齐桓公也是个豁达大度的人，听了鲍叔牙的话，不但不办管仲的罪，还立刻任命他为相，让他管理国政。管仲帮着齐桓公整顿内政，开发富源，大开铁矿，多制农具，后来齐国就越来越富强了。

人生是不可复制的，但成功是可以还原的。向齐桓公那样宽宏大量的包容他人，最终也获得了馈赠，成功在所难免。

当遇到分歧时，大家相互包容，各退一步的话，或许事情会解决得好于预期的效果。宽容就是在与别人意见不统一的时候也无须勉强。要知道，任何想法都有其来由，任何动机都有一定的原因。试图站在对方的角度去考虑，了解对方想法的根源，找到他的出发点，从中提出的方案也就更加契合对方的心理而得到解决。当我们消除了对抗和阻碍的时候，伴随着的效率也将随之提高。任何人都有自己对人生的看法和体会，我们要尊重他们的知识和体验，积极吸取精华，做好扬弃。

曾经看过一本书，名叫《蔷薇别墅的小老鼠》，书中的主人公比较特别，她有一个好听的名字叫"蔷薇"，但其实她是一个孤独的老人。

蔷薇独自住在郊外的一栋别墅里，她收养过蜗牛、鸟、狗，但是，这些动物在别墅里养好伤后就都离开了，再也没有回来过。

后来，蔷薇收养了一只叫班米的老鼠，她为班米准备了足够整个冬天吃的面包和果酱，并把班米搬到了蔷薇家的地窖中，使它终于有了一个温暖的家。但是班米有一个坏习惯，它喜欢把别人的米搬回来，再用米酿成米酒，然后喝得酩酊大醉。

直到有一回，蔷薇到地窖取果酱，发现班米直挺挺地躺在地窖中，以为它酒精中毒死了。蔷薇伤心地说："尽管你有些缺点，我也不会把你丢出去喂猫，我要好好安葬你。"

蔷薇在一簇洁白的蔷薇花下挖了一个小小的坑。就在这时，班米醒了过来，它看见蔷薇正在流泪，一下子惊呆了，它从来没有想过，会有人为老鼠的死而流眼泪。

正当班米痛下决心要改过自新，好好陪伴蔷薇的时候，老猫皮拉出现了。皮拉最大的缺点是不会轻声走路，所以它直到现在也没有抓住过老鼠。

皮拉希望蔷薇能够收留它，但是蔷薇拒绝了它，因为她已经收养了老鼠班米，她不希望别墅里天天发生战争。皮拉很生气，于是它在房顶上捣乱，装神弄鬼吓唬蔷薇。有一次，皮拉在抓扯蔷薇花的时候，把四只爪子都弄伤了。蔷薇看见后，就把皮拉抱进了别墅，给它包扎伤口。

班米决定离开了，它认为老猫皮拉更适合留在蔷薇的身边。

许多年过去了，班米真的改变了。它在外面继续酿造米酒，还常常让猫喝，但是它自己再没有醉过。它想念着蔷薇，担心皮拉会和蜗牛、鸟、狗一样，养好了伤就离开蔷薇的别墅。这一天，它焦急地回到蔷薇的别墅，看见皮拉静静地坐在蔷薇花的下面。

流浪了许久的班米意识到，它再也见不到蔷薇了。于是，班米和皮拉坐在蔷薇花下，流着眼泪，就像许多年前蔷薇为它们流眼泪一样。

这时，书中描绘出了这样的情景：在一片灰色背景下的蔷薇花丛中，隐约可见蝴蝶在花丛中飞舞。蔷薇的别墅更像是一座灰墙黑瓦的老房子，只有蔷薇花丛透出生机勃勃的绿色。

爱偷米的班米，总捣乱的皮拉，蔷薇都会原谅它们，接纳它们，包容它们。尽管孤独的蔷薇很少微笑，但这种来源于宽容的能量，会深深地吸引我们，因为她的这种包容的能量让我们非常感动。老猫皮拉从来不会捉老鼠，因为它的受伤，老鼠班米离开了，而它真的一直

陪伴在蔷薇的身边。班米虽然是一只爱偷米、总喝醉的老鼠，可是谁又没有缺点呢？正是蔷薇对班米的包容，让它有了改变的动力。虽然它离开了蔷薇别墅，但那是因为它觉得老猫皮拉更适合陪伴在蔷薇身边。更值得感动的是它没有忘记蔷薇，而是一直牵挂着老猫皮拉是不是一直陪在她的身边。

其实我们的生活中出现过很多“蔷薇小姐”，我们也有“班米”“皮拉”那样的缺点，也遇到过类似于“班米”“皮拉”那样的人。原谅他们，信任他们，接纳他们，包容他们，最重要的是我们保持着爱心，知晓自己的缺点也包容他人的缺点，只为那些爱我们的人变得更好。

利他是利己的最高层次

俄国著名文学家列夫·托尔斯泰曾说过：“一切利己的生活，都是非理性的。”可见利己是很低级的，而利他则是高层次的。想达到利人利己，就必须从自身的品德着手，与他人建立起互利的关系，进而获得两全其美的成效。这种成效则有赖合理的配合，经由正确的过程来完成。

利人利己可使大家相互学习，相互促进，进而达到共同的进步。曾经有过这样一个真实的故事。

上海的一个冬夜，一名出租车司机送一位客人从浦东大道到浦西的海鸥饭店，当车子进入一条隧道时，客人突然要求掉头，原因是他出门的时候换了衣服，忘了带钱。看到客人的窘态，这位出租车司机倒是反过来宽慰起客人。等把客人送到目的地后，又送给客人30元返程的车费。其实原路返回只要17元就可以了。回去后这位司机就忘记了这件事，因为这不是他第一次那样做。

几天后，客人打电话给他，邀请他为他做司机。这个客人叫龚天益，纽约银行上海分行行长。那个司机叫孙宝清，上海一个普通的打工仔。

由此可见，真要做到利人利己，就要具备与人为善的胸怀及足够的勇气，还要有过人的见识，积极主动的精神，也要有明确的人生方向、智慧与力量作为基础。

时刻保持着利人利己的心态，幸运总会降临到你的头上。雷锋同志曾经在日记中写道：“对待同志要像春天般的温暖，对待工作要像夏天一样火热，对待个人主义要像秋风扫落叶一样，对待敌人要像严冬一样残酷无情。”这是雷锋同志生前的名言，更是他一生忠于党、忠于人民、忠于祖国、忠于社会主义的真实写照。雷锋，不再是代表一个人，他更是代表一种奉献之精神、服务之宗旨、为民之理念，已经成为了中华民族的一个精神符号。

有一本书给我的印象很深刻，有一句话是这么说的：“弄权一时，凄凉万古。”在现实生活中，个别人喜欢占小便宜，可是骗人家一次，骗人家两次，骗不了别人第三次。所以当我们占人便宜，损人的时候，事实上是把自己的信誉给弄坏了，也把与他人交往的后路给断绝了，也就不可能有良好的人际关系。所以，切勿顺着自己的欲望去贪婪，到最后反而会害了自己。

有这样一个故事：

> 一个瘸子在马路上偶然遇见了一个瞎子，只见瞎子正满怀希望地期待着有人来带他行走。“嘿，”瘸子说，“一起走好吗？我也是一个有困难的人，也不能独自行走。你看上去身材魁梧，力气一定很大！你背着我，这样我就可以向你指路了。你坚实的腿脚就是我的腿脚；我明亮的眼睛也就成了你的眼睛了。”于是瘸子将拐杖握在手里，趴在了瞎子那宽阔的肩膀上。两人步调一致，获得了一人不能实现的效果。

当你不具备别人所具有的天赋，而别人又缺少你所具有的才能，通过“利他”式交往，便会弥补各自的缺陷。因此，无须抱怨上帝的不公，某些优势，他没有给你而赐予了他人，其实是一样的，我们完全可以自己来

交流。学会相互配合，先做到利人，就能最终利己。

《人民日报》曾刊登过一篇文章——《警惕“精致”的利己主义》，文章说：“跳脱精致的利己主义，并不是要我们每个人都成为‘无我的圣人’，只是说让我们少一些以自我为中心的计算，少一些斤斤计较的敏感，少一些小肚鸡肠的狭隘。在问‘值不值’的同时，也问一下‘该不该’；在考量‘性价比’‘回报率’的同时，也考量一下心灵所得，精神所获。”这些话，可谓对利人利己的最好诠释。

在我们的一生中，虽然人来人往，但真正认识的人很少。不过，无论熟悉还是陌生的，总会有帮助过，温暖过我们的心。细致入微地帮助路人，哪怕是一个搀扶，或与朋友心有灵犀地默契与配合，或对亲人相濡以沫地支持与关爱，当我们无微不至地去关心他人的时候，潜移默化地也是在关心自己。

文坛巨匠巴金曾说过：“我的生活目标，无一不是在帮助别人，使每一个人都得到春天，每颗心都得到光明，每个人的生活都得到幸福，每个人的发展都得到自由。”这个用《家》《春》《秋》“激流三部曲”等著作来慰藉处于苦难中又向着和平的人们的人，唯一的生活目标是帮助别人，不管是用充满爱意的文字，还是用实际的爱心行动，他确实给在“寒夜”中前行的人带来温暖和光明。

其实，每个人都有追求利益功名的权利，这也是对的。并且，利他与利己并不矛盾，处理好了会事半功倍。一个国家公务员想在政绩上追求升迁，这也是情理之中的事情。如果他两袖清风，勤政为民，给人民实惠，处处为百姓着想，百姓反而会拥护你。这就是利他利己，实现了双赢。假若这个公务员贪污腐败，搞“豆腐渣工程”，不为民做事，最终被群众检举，纪检调查的话，想必他的后果也不必再说了，这就是损人不利己。日常生活中的企业工厂也一样，只有你生产出的商品物美价廉，使百姓放心，百姓才愿意购买你的产品。这样企业工厂赚钱得利了，百姓也买到了称心如意的商品，这也是双赢。

下面来看一个“宽容的审判”的故事吧。

审判官分别向两个相互间隔的屋子里的犯人宣读审判方式，每位犯人都听到同样的一段话："如果你坦白交代了事实，而你的同伙否认，我们将判你六个月监禁，但你的同伙要被判二十年刑；如果你不坦白而你的同伙坦白，那么你将被判二十年刑，而他只被判六个月监禁；如果你们两人都坦白，那么各判八年；如果你们两人都拒不承认，则各拘留两周。"

乍一看，如果两人都拒不承认将得到最轻的惩罚，但由于双方无法进行沟通，只能独自作出选择，如果一方坦白，被判 6 个月或 8 年；不承认，被判两周或 12 年。问题是谁能保证另一方的选择呢？设身处地地想一想，就能发现最可能的结果是双方都选择坦白。

这是博弈论一个典型的故事——"囚徒困境"。两个犯人当听到审判方式时，都在想什么样的结果会对他们最有利。但由于双方无法沟通，只能独自作出选择。如果从自身利益出发的话，有可能出现的结果损人不利己。

现实生活中也有很多从利己的角度出发最终却得到损人不利己的结果。例如驾车行驶在路上，时常碰到交通堵塞的情况，很多人的第一反应就是从利己的角度出发，想方设法地见缝插针，都急于摆脱这段堵塞的路段。但也有可能因为这样的利己行为而使得道路堵塞得更加严重，导致大家都堵在一起的损人不利己的结果。

身为社会中的一分子，我们处理人际关系的行为准则将影响着这个关系中的所有人。当我们考虑着利己的要素去做事情的时候，也要谨记"己所不欲，勿施于人"，让整个人际关系都自觉地避免损人不利己的行为，我们的人际关系才能变得更加美好与和谐。

唯有沟通，才能破解猜疑

古时候，有一个妇人，特别喜欢为一些琐碎的小事生气。她也知道自己这样不好，便去求一位高僧为自己谈禅说道，开阔心胸。

高僧听了她的讲述，一言不发地把她领到一座禅房中，落锁而去。

妇人气得跳脚大骂。骂了许久，高僧也不理会。妇人又开始哀求，高僧仍置若罔闻。妇人终于沉默了。这时，高僧来到门外，问她："你还生气吗？"

妇人说："我只为我自己生气，我怎么会到这地方来受这份罪。"

"连自己都不原谅的人怎么能心如止水？"高僧拂袖而去。

过了一会儿，高僧又问她："还生气吗？"

"不生气了。"妇人说。

"为什么？"

"气也没有办法呀。"

"你的气并未消逝，还压在心里，爆发后将会更加剧烈。"高僧又离开了。

高僧第三次来到门前，妇人告诉他："我不生气了，因为不值得气。"

"还知道值不值得，可见心中还有衡量，还是有气根。"高僧笑道。

当高僧的身影迎着夕阳立在门外时，妇人问高僧："大师，什么是气？"

高僧将手中的茶水倾洒于地。妇人视之良久，顿悟。叩谢而去。

沟通是人际关系中很重要的内容。每个想法、每个信息在传递的过程中，往往通过习惯的方式表现出来，让对方感知并接受，真实地反映各自的接受，最终达到一致的目的。

在一次买卖过程中，很多客人并未有强烈的购买欲望，但导购人员的表现形式甚得人欢心，例如温馨的笑容、详细的介绍等，把顾客的心情转换为快乐。因此也就增加了顾客的购买欲。

语言交际也是建立在心理接触基础上的人际交往。也就是说，心理因素对沟通的影响最大也最直接。当我们与他人沟通时一定要注意使自己的语言贴近对方的心理，尽可能地消除由于心理障碍而造成的隔阂。每个人对事物的接受，首先体现在心理上的接受，假如把话说到对方的心里，这样事情才会办好。

在美国一个农村，住着一个老头，他有3个儿子。大儿子、二儿子都在城里工作，小儿子和他在一起，父子相依为命。

突然有一天，一个人找到老头，对他说："尊敬的老人家，我想把你的小儿子带到城里去工作，可以吗？"

老头气愤地说："不行，绝对不行，你滚出去吧！"

这个人说："如果我在城里给你的儿子找个对象，可以吗？"

老头摇摇头："不行，你走吧！"

这个人又说："如果我给你儿子找的对象，也就是你未来的儿媳妇是洛克菲勒的女儿呢？"

这时，老头动心了。过了几天，这个人找到了美国首富石油大王洛克菲勒，对他说："尊敬的洛克菲勒先生，我想给你的女儿找个对象，可以吗？"

洛克菲勒说："快滚出去吧！"

这个人又说："如果我给你女儿找的对象，也就是你未来的女婿是世界银行的副总裁，可以吗？"

洛克菲勒同意了。

又过了几天，这个人找到了世界银行总裁，对他说："尊敬的总裁先生，你应该马上任命一个副总裁！"

总裁先生说："不可能，这里这么多副总裁，我为什么还要任命一个副总裁呢，而且必须马上？"

这个人说："如果你任命的这个副总裁是洛克菲勒的女婿，可以吗？"总裁先生当然同意了。

这个故事体现了沟通的艺术，也说明信心是非常重要的，只有坚信这是对双方都有好处的，才能获得对方的认可。

被称为“现代管理学之父”的彼得·德鲁克曾说过：“一个人必须知道该说什么，一个人必须知道什么时候说，一个人必须知道对谁说，一个人必须知道怎么说。”

沟通看似简单，但真正做起来可就没那么简单了。自我的沟通，师生之间的沟通，父母之间的沟通，朋友之间的沟通，等等，人是富有情感的，不是简单的对话就能沟通表达，是需要互相理解的。例如朋友之间，当真诚地对待朋友，与朋友共享快乐时，那么原先的快乐会变成两倍。朋友之间就会更加快乐；相反，在难过的时候，有朋友的交流，悲伤或许会减少一半。

一个小公主病了，她娇憨地告诉国王，如果她能拥有月亮，病就会好。国王立刻召集全国的聪明智士，要他们想办法拿月亮。

这时，总理大臣说：“月亮远在三万五千里外，比公主的房间还大，而且是由熔化的铜做成的。”

魔法师说：“它有十五万里远，用绿奶酪做的，而且整整是皇宫的两倍大。”

数学家说：“月亮远在三万里外，又圆又平像个钱币，有半个王国大，还被粘在天上，不可能有人能拿下它。”

国王又烦又气，只好叫宫廷小丑来弹琴给他解闷。小丑问明一切后，得到了一个结论：“如果这些有学问的人说得都对，那么月亮的大小一定和每个人想的一样大、一样远。所以，当务之急便是要弄清楚小公主心目中的月亮到底有多大、多远。”

于是，小丑到公主房里探望公主，并顺口问公主：“月亮有多大?”

公主说：“大概比我拇指的指甲小一点吧，因为我只要把拇指的指甲对着月亮就可以把它遮住了。”

小丑说：“那么有多远呢?”

公主说："不会比窗外的那棵大树远！因为有时候它会卡在树梢间。"

小丑说："用什么做的呢?"

"当然是金子!"公主斩钉截铁地回答。

比拇指指甲还要小、比树还要矮，用金子做的月亮当然容易拿了。小丑立刻找金匠打了个小月亮、穿上金链子，给公主当项链，公主好高兴，第二天病就好了。

很多学富五车的人没有办到的事情被一个小丑办到了，不是说这个小丑的学问有多大，而是说小丑更懂得如何沟通。

人们在沟通时较少的关注对方的真实需求，一味地按照自己的意愿来处理事情，结果总会事倍功半。而良好的沟通才是掌握顾客心理的最好办法。另外，选择好的沟通内容也至关重要，只有选对了，才能直接进入主题，简洁高效。

第十二章

能量与企业

俗话说：制度大于总经理，制度以外靠文化。公司制度与企业文化是决定企业长远发展十分重要的基石。同样，现代企业竞争不但是技术与产品的竞争，而且是品牌的竞争，拥有品牌有时比拥有技术还重要，品牌是现代市场竞争不可或缺的利器。为什么企业文化、品牌会有如此大的魅力？从能量角度看，它们都是高自组织系统，因此其智能、意识能越显得十分重要。企业文化、品牌价值其存在与运动，完全符合智能相对性、不守恒定律。它有相对性、可复制、可共享、可以放大与缩小，具有强烈的自组织性。某种意义上，从意能角度还能发挥传统方法无法发现的文化及品牌奥秘。

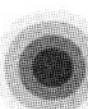

管理方法不同，团队能量迥异

正能量，是一个企业团队达到高水平运作的最重要的因素。一个充满正能量的企业团队，在工作中拥有毫不动摇的决心，每一个团队成员都认真负责，积极向上，并相信自己能够完成任何摆在面前的任务。在内心深处，每一个人都认同团队的愿景、使命以及价值观，更认同企业的发展战略，并能够因“实现共同立项的决心”而建立起了深厚的团队情谊。他们热爱学习，接受工作并提出反馈，为使团队更加强大和高效而无私分享他们的经验和资源。

任何团队都是由人构成的，不是由物品构成的，企业团队也是如此。要打造正能量企业团队，团队的“领头羊”必须了解和面对不同的环境时团队成员的任何反应。我们无法强迫人们时刻迸发出正面的能量，因此，团队的领导者切不可只对员工发出“快点成长”的命令，以及责怪那些没能实现职业成长的员工，而是必须要为正能量的迸发创造好的环境条件。这些环境条件一定要充满养分或者至少要有这样的趋势。

若要在工作上获得好的结果，一个合格的团队领导者应该关注团队的环境条件，以及团队成员对环境的优先选择。为此，应该针对员工的需求，量身定制激励措施。

公司提供的奖励必须对员工具有意义，否则效果不大。每位员工能被激励的方式不同，团队领导者应该模仿自助餐的做法，提供多元激励，供员工选择。例如，对上有老、下有小的职业妇女而言，给予他们在家工作一天的奖励，这比大幅加薪或许更有吸引力。

奖励和惩罚不适度都会影响激励效果，同时增加激励成本。奖励过重会使员工产生骄傲和满足的情绪，失去进一步提高自己的欲望；奖励过轻起不到激励效果，或者让员工产生不被重视的感觉。惩罚过重会让员工感到不公，或者失去对公司的认同，甚至产生怠工或破坏的情绪；惩罚过轻会让员工轻视错误的严重性，可能还会犯同样的错误。

公平性是员工管理中一个很重要的原则，员工感到的任何不公的待遇都会影响他的工作效率和工作情绪，并且影响激励效果。取得同等成绩的员工，一定要获得同等层次的奖励；同理，犯同等错误的员工，也应受到同等层次的处罚。如果做不到这一点，管理者宁可不奖励或者不处罚。管理者在处理员工问题时，一定要有一种公平的心态，不应有任何的偏见和喜好。虽然某些员工可能让你喜欢，有些你不太喜欢，但在工作中，一定要一视同仁，不能有任何不公的言语和行为。

如果我们奖励错误的事情，错误的事情就会经常发生。这个问题虽然看起来很简单，但在具体实施激励时却被管理者所忽略。有一个流传很广的故事：渔夫在船上看见一条蛇口中叼着一只青蛙，青蛙正痛苦地挣扎。渔夫非常同情青蛙的处境，就把青蛙从蛇口中救出来放了生。但渔夫又觉得对不起饥饿的蛇，于是他将自己随身携带的心爱的酒让蛇喝了几口，蛇愉快地游走了。渔夫正为自己的行为感到高兴，突然听到船头有拍打的声音，渔夫探头一看，大吃一惊，他发现那条蛇抬头正眼巴巴地望着自己，嘴里叼着两只青蛙。种瓜得瓜，种豆得豆。渔夫的激励起到了作用，但这和渔夫的初衷是背道而驰的，本想救青蛙一命的渔夫，却不想由于不当的激励，却使更多的青蛙遭了殃。奖励得当，种瓜得瓜，奖励不当，种瓜得豆。经营者实施激励最犯忌的，莫过于他奖励的初衷与奖励的结果存在很大差距，甚至南辕北辙。

当私利追逐者就职并管理团队时，团队的积极性就会降低。我们来看下面这个例子：

加里是美国中西部某工厂的一位负责生产的高级经理。在这个职

位上，他一直运用着自己不变的工作风格——粗鲁、暴躁、威胁。他经常生气、不停地大声呵斥别人。甚至为了让手下的人成为他所要求的能干超人，他把他们都逼到死角。加里认为他的团队“跑得太慢”，只有通过“鞭打”才能获得期望的结果。这种想法帮助了加里，如他所愿，他得到了升迁。

然而，加里粗暴的管理风格，虽然让整个团队的工作效率提高了，但是这种效率的提高是由于员工心头的恐惧所驱使的，而不是发自内心的那种正能量所驱使的。并且由于这种提高效率的动机无法持续，加里需要通过再度增强恐惧感及胁迫力度，才能维持团队的工作业绩。

从此以后，员工在工作时动力全无，开始打电话请病假，整个团队怨声载道。但是，加里就像一个完全没有经验的木匠，认为对待没有成形的木头，最好的办法就是继续施工，继续将木头刨下去。因此，他继续加大威胁的力度，进一步逼迫他的团队。他不能就此放手，因为他相信，只要逼迫员工，就能提高他们的工作效能，能使他在企业里获得进一步的升迁。

加里所在公司的杰夫，也是一位负责生产的高级经理，他在管理中采用了一种与加里完全不同的方法。

杰夫非常善于倾听团队成员的想法，因此大家都很喜欢他。他总是征求团队成员的意见，并且反馈了很多信息，让团队成员了解当前的工作进展。杰夫还保证团队成员在他们感兴趣的领域以及关键岗位上能够获得交叉培训。

最重要的是，杰夫很公平。有人出错了，他从不袒护，而是有原则地予以纠正。犯了错误的员工从杰夫的办公室出来时，他们总觉得自己犯的错误很值，因为从中吸取了重要的教训，而且受到了杰夫的尊重。

两相比较，优劣昭然。涉及怎么对待、评价别人的时候，加里是一个私利追逐者，而杰夫是一个团队建设者。加里认为，他必须不断地"鞭笞"他人，以达到最终的目的，而杰夫知道，通过表扬、培训、指导，更容易实现目标。杰夫知道，当人们对自己的团队产生了归属感时，便会迸发出无限的正能量。事实上，由于杰夫的人性化管理，他的团队创造了这家企业自成立以来最辉煌的业绩，而杰夫也获得了破格升迁。

作为一个企业领导，聚集自身正能量，打造和提升领导力，这是企业所需，员工所需，也是构建和谐社会的时代所需。

一是自我管理。要想管理好别人，首先要管理好自己，优秀的领导者必定是卓有成效的自我管理者。那么如何管理好自己，增强自己的核心竞争力，让事业更为成功、生活更为和谐呢？你希望成为一个卓有成效的管理者吗？高效能的管理者才能创造高效能的企业，而管理者的效能主要来自良好的自我管理和职业习惯。自我管理是一门科学，也是一门艺术，是对自己人生和实践的一种自我调节，也是人生成功的催化剂。达到自我管理，我们可以逐步走向自我完善，最大限度地激发自身潜能，实现人生的最大价值。

二是自我领导。随着知识经济的发展，在西方国家的企业和公共机构中，普遍提倡一种"自我领导"与"超级领导"的新的领导模式。所谓自我领导，顾名思义，就是自己领导自己，即下属如果有了自我控制的能力，就能够以一种负责任的方式来迎接挑战。

三是自我修炼。企业家都有一个定义时刻，在某一时刻定义自己的经验，并使其成为日后不断重复和强化的心智模式。很多成功企业家的一种特质即是他们的谦卑精神。有谦卑之精神，才能自省与求索，才能自知与自变。有这样一个故事，一些巴西人致信给美国的多位折扣零售连锁店的首席执行官，希望向他们取经。唯有一人承诺见面。见面后，此人不停地询问关于在巴西和拉美开展零售业的情况，甚至在厨房洗碗碟的时候都还在咨询。

四是做阳光领导。具有阳光心态的领导者，在山下不灰心，在山巅不

失态，在泥淖中不抱怨，在乱花中不迷路，能淡定从容地对待成败得失。以51%的精力追求事业，49%的精力营造心灵的后花园，人生才会更加优雅从容。失败时品味阳光，你会得到信念；成功时品味阳光，你会得到激励；迷茫时品味阳光，你会得到启示；奋斗时品味阳光，你会得到力量。作为企业领导，真正体会过阳光的真谛之后，你会发现它不仅是阳光，还是笑容背后的拼搏，成功背后的酸辛。

五是善于激励。领导就是激励。领导者要先自我激励，后激励他人。只有首先把自己发动、激励起来，才可能把下属也发动、激励起来。要先“激”后“励”。“激”是指激发积极的动机，“励”是指一种反馈，待下属工作一段时间后，若行为符合领导者的意图和决策目标，方对其行为进行鼓励、奖励。

充分重视员工，提升团队正能量

“正能量”透出我们的一种集体潜意识：渴望期盼温暖的、积极的、健康的、乐观的、催人向上的情感，成为我们生活的主导，成为我们前行的动力。毋庸置疑，作为企业的领导者，一定希望他所率领的团队能够充满正能量，一定希望他所领导的员工能够更多地释放正能量。那么，他就需要不断地向员工传递正能量，从而提升整个团队的正能量。

（1）给员工积极的暗示

赞美就是一种很好的积极暗示，领导者若善于运用这一方法，不但会融洽上下级关系，还能调动起部下的正能量。比如领导者看到部下时，微笑着打个招呼，再讲几句表扬的话：“你最近工作干得不错，你写的那个策划方案我看了，很有创意。”“你那项工作完成得很漂亮，辛苦你了！”等等。有些你一时想不起有什么可表扬的话，也可以这样对他说，“你今天看上去很开心的样子”，或者说一声“你的衣服挺好看的”，也能起到积极暗示的作用。要知道，领导的赞扬，哪怕是只言片语，哪怕是不经意间的流露，都能带给下属一种愉悦的情绪，让下属感觉到自己的被肯定、被欣赏，领导对自己印象不错，从而更多地释放出正能量，工作越干越好，越干劲越足。

当然，积极暗示的反面就是消极暗示，这是领导者要避讳的。消极暗示输入的自然是负能量，容易让下属情绪低落，产生自卑心理，变得冷漠、泄气、退缩、萎靡不振等。比如，有的领导经常阴沉着脸，见了下属爱答不理的，让下属感到冰冷和隔膜，这会传导给下属一种压抑、郁闷的情绪。再比如，有的领导批评下属时习惯用“你总是这样”“你老是做不好”之类一概而论的话语，给下属一种“你不行”“你没能力”的消极暗示，点点滴滴地损耗着员工的正能量。

（2）宽容员工的失败

在企业里，当一个员工遭遇失败时，特别容易产生负能量，心灰意懒，一蹶不振，这个时候，特别需要来自领导的鼓励。领导者应当有博大的胸襟，能够宽容失败，特别是善待在探索创新过程中失败的员工。

日本索尼公司的总裁就曾对他的下属说过：“放手去做你认为对的事，即使你犯了错误，也可以从中得到经验教训，不再犯同样的错误。”这体现了索尼公司的宽容之心。这样，员工才敢放心大胆探索、实践，发挥创意，才有利于调动每一个员工的聪明才智。

领导还要有敢于为下属承担责任的勇气。下属工作中有了失误，领导者不妨检讨一下，自己有没有指挥不当、布局失误、培训不够等责任。这种敢于承担责任的勇气将会化解员工的悲观消极情绪，促使员工更好地完成任务。

在绩效考评中，也应当体现宽容创新中的失误。有一个城市的市委在出台的领导班子考核规定中，有一个亮点就是宽容失误，鼓励创新。规定明确提出：“合理区分探索性失误与利己性失误的性质和处分标准，对程序符合法律法规、未谋私利、未与他人串通损害公共利益的改革创新行为，可酌情减免责任或处理，解除创新者的后顾之忧。”这个规定，允许有探索中的失误，允许有创新中的失败，从制度上保护创新者的积极性，

无疑给改革创新者传导的是一种正能量。

（3）创造良好的氛围

情绪是会传染的，企业成员之间的情绪也会相互感染，或者说尤其容易感染，因此创造良好的氛围很重要。在一种积极的氛围中，大家都被一种温暖、快乐的情绪包围着，都有着一种阳光心态，这个企业的成员一定能够最大限度地释放出正能量。

企业领导者应当关心员工的心理健康。目前心理健康问题已成为不可忽视的隐形杀手，有不少人都不同程度地受到压力、抑郁、职业倦怠等心理因素的困扰，假若“职业心理健康”出现了问题，必然会情绪消极。因此，领导者迫切需要关注员工心理健康问题。

企业领导者要倾听员工的心声，特别是员工的抱怨，倡导上下级之间、员工之间的无障碍沟通，帮助员工舒缓压力，释放情绪。加强单位的软硬件设施建设，为员工提供轻松的工作环境。同时，注意营造宽松的人文氛围，多组织集体文体活动，如文艺表演、体育比赛、户外拓展，包括邀请其家人参加的“团聚”活动、亲子活动等。这样做一方面会增进员工之间的沟通交流，有助于员工获得一种愉快的情绪；另一方面增强组织的向心力、凝聚力，让员工产生一种归宿感和幸福感。

（4）努力激发每一个成员的潜能

无论什么企业，都必须依靠人来做事情。有一句话说得很透彻：“没有不是人才的人才，只有不能塑造人才的领导。”发挥每个人的潜能是每一个企业的首要任务。

如何去发挥每个人的潜能呢？就是争取让每个人都有被重视的感觉。我个人认为，做领导的每天要做的最首要的两件事是：一是明确企业的发展方向并持之以恒地贯彻执行，二是关心你下面的10个直接员工，从工作到情绪，让每个人都有被重视的感觉，争取让这10个人每天都能积极地投入到工作中来。这10个人每天的工作也应有同样的两个任务：自己的工作和身边的10个人，这样自然会形成一种企业文化，自然会使企业有凝聚力。

只要领导者付出微笑、客气、赞扬、鼓励、鞭策或沟通，那么收获的绝不仅仅是感激，还有企业的持续发展。

老板有两个上帝：一个是客户，一个是员工。这是永恒不变的真理。让每个人都有被重视的感觉吧，就从现在开始做起。

团队能量的走向，需要领导者管理

当今社会竞争压力之大已经无须再说，如果你想在社会上立足，那么你必须要建立一支高效的、具有正能量的团队，因为只有正能量团队才能在当今的社会中生存。但在管理实践中，一群正能量的人不等于正能量团队。当代管理理论大师克里斯·阿基里斯说过："团队中每个人的智商都在120以上，而集体的智商却只有62。"这句话如果换作公式来阐释，那就是：高绩效+良好的心理感受+正面反馈=正能量团队。

也就是说，只有团队中的每个人都有良好的绩效，而且感觉在团队里待着舒心，失败了也能从正面去吸取教训，这样的一群人才会组成一支正能量团队。如果你想创造一支高效的、具有正能量的团队，就必须在团队成员落后的时候不断地帮助他们，让他们跟上。教他们选择大步向前，并告诉他们，从失败中学习，是值得表扬的，有益的举动，从个人方面来讲，也会令人相当充实。这虽然不容易做到，但它的回报比投入要高得多。

充满正能量的人进入一个团队，他的正能量不一定仍会存在，因为领导的决策，因为一些赏罚不公平，因为一些种种的原因，可能会导致能量的正转化为负，因为能量都是相对的，包括正负能量也存在相对性。

有的老板喜欢讲一头驴子拉磨时不听话，和主人讲条件，最后被主人剥了皮的故事；有的员工喜欢讲一匹狼过于狠毒，为了满足自己贪婪的欲望，咬死了草原上所有的羊，最后把自己也饿死的故事。

有的老板喜欢讲一只青蛙被放在慢慢加热的水中，因为安于现状，最后无力挣扎终于死掉的故事；有的员工喜欢讲驯象师虐待大象，折腾大象，最后被大象踩死的故事。

有的老板喜欢讲两只山羊被狼追赶，竞相逃命，最后落后的那只被狼吃掉的故事；有的员工喜欢讲鹬蚌相争，互不相让，最后渔翁得利的故事。

有的老板喜欢讲马戏团的一只猴子以为生活无忧，没有压力，最后被其他猴子取而代之的故事；有的员工喜欢讲自行车的气已经打足，还要拼命增加压力，最后轮胎爆掉的故事。

以上这些故事，就我看来，生动地描绘了现代企业力越来越多的类似这样的关系——老板与员工，企业与个人之间的罅隙。造成这个局面的原因，不外乎两点：一是企业拖欠员工的工资，压减员工的待遇，无原则地延长员工的作业时间；二是员工的心态不再心系企业，偷懒怠工者有之，聚众闹事者有之，各种手段混日子的有之，更有甚者，偷偷摸摸者也大有人在。因此，出现上述故事也就不足为奇了。

如果细品这些现象的背后以及所引发的一系列反应，其实就是个能量问题：一群拥有正能量的人在一起组成的团队，并不等于正能量团队，因为团队正能量需要的不仅仅是能量，它更需要领导的指挥，带动人心。

正能量持续传递，让团队更有成效

传递正能量，是一个持续的过程。在一个组织中，只有将正能量传递下去，才能够让高效和优秀的业绩持续下去。每个人都有独特的价值，对于他们做出的成绩，要大胆地称赞，不要吝啬。因此，企业领导者要珍视你最大的资产——员工，因为对待员工的态度，决定着企业未来的发展。

（1）鼓励能够增强员工的工作热情

美国著名心理学家罗森塔尔曾做过这样一个实验，他将一群小白鼠随机分成 A、B 两组，并告诉饲养员，A 组老鼠很聪明，B 组老鼠智力一般。

几个月后，罗森塔尔对这些老鼠进行迷宫测试发现，A 组老鼠比 B 组能更快地走出迷宫。对此，罗森塔尔深受启发。他又来到一所普通中学，在学生名单上随机圈了几个名字，告诉老师这几个学生的智商很高。一段时间后，奇迹发生了，这几个随机选出来的学生成了班上的佼佼者。

罗森塔尔的实验证明，人会被自己喜欢、钦佩的人所影响和暗示。如果常受到信任、赞美等积极暗示，人们会由此获得向上的动力，尽力使自己达到对方的期待。当然，“说你行你就行，不行也行；说你不行就不行，行也不行”的简单做法很难有效。

管理者一定要相信下属的能力，给他们支持、鼓励和温暖的氛围。比如，在交办任务时，不妨说：“我相信你一定能办好”“困难是有，不过你肯定会有办法的”，这样，下属就会朝你期待的方向发展。反之，如果上司总是对员工吼“笨蛋”“这么简单的事都做不好”之类的话，那他手下的员工就真可能变成笨蛋。

值得注意的是，积极心理暗示只能起到画龙点睛的作用，管理者是否有足够的掌控力、任务是否在下属的能力范围内、员工会不会尽力等因素都应该考虑到。比如，对于新员工，领导者可以对其成长的过程给予关注和肯定；对于容易出现职业倦怠的老员工，要在鼓励他们挑大梁等方面提出更高的期望，让他们觉得公司依然需要自己。

（2）用奖励激发员工的成就感

心理学家德西曾讲过这样一个寓言：

> 一群孩子在一位老人家门前嬉闹，让老人难以忍受。老人想了一个办法，他给每个孩子 10 美分，对他们说：“你们让我觉得自己年轻了，这点钱表示谢意。”孩子们很高兴，第二天又来了，但老人只给他们 5 美分。第三天，孩子们只得到 2 美分，令他们大怒，“一天才 2 美分，知不知道我们多辛苦！”他们发誓，再也不会为老人而玩了。

在这则寓言中，老人将孩子的内部动机“为自己快乐而玩”变成了外部动机“为得到奖赏而玩”，他通过操纵外部因素掌控了孩子的行为。

在企业中，能促使员工奋斗的动机一般有四种：外在动机，如加薪或补助；内在动机，即对任务本身感兴趣；成就动机，如工作受肯定；社会动机，如获得人际肯定和支持。

加薪不是唯一的激励手段，比如美国 IBM 公司就有一句宣言："加薪非必然。"美国的一项针对 5388 名员工的研究发现，如果员工能预见到 2 年内有晋升的可能，那他们会有更好的表现和满意度，效果相当于薪酬提升了 69%。可见，明确的职业发展空间，能大幅提升员工的职场幸福感。因此，管理者应明确区分"该做"和"该鼓励"的行为。"该做"的是指分内职责，不应设置物质奖励，而应点到为止地给员工肯定，以增强他们的内在成就感，激发成就动机。过于频繁的表彰和评比活动并不可取，尤其不能为了照顾某些人的情绪，拿表彰送人情。只有对那些一般人难以做到，或需要员工"踮着脚才能够着"的任务，才能用物质奖励。

（3）重人情最能留住人

法国作家拉·封丹写过这样一则寓言：

> 南风与北风打赌，看谁能脱去一位农夫的衣服。北风自以为力气大，使足了劲向农夫一顿猛吹，瑟瑟发抖的农夫反而裹紧了外衣。南风却是向农夫轻抚慢拂，送去温暖熏风，让农夫遍体发热，自己脱下了衣服。

这则寓言说明，"以人为本"的软性方法能顺应人的内在需求，往往比生硬的"角力式"刚性方法好用得多。

对管理者而言，这一效应主要体现在重视情感上。为了留住老员工，管理者除提供升职加薪的机会外，应重视关心员工生活，对有困难的员工伸出援助之手。

有一家公司请老师给员工上恋爱指导课。在指导过程中，专家同时给出 8 个能营造温暖氛围的小细节：一是真诚地说声"辛苦了""谢谢""你真棒"；二是由衷地赞美"这个主意太妙了"；三是拍拍下属的肩膀，或给一个信任的眼神；四是分享下属成功时一个忘情的拥抱；五是一张鼓励的便条；六是及时回复下属的邮件；七是在下属的生日或纪念日时，打个电话，或送一件小礼物，或发一条简短而温情的短信；八是一次无拘无束的郊游或团队聚会。

这家公司的老板认为，公司里许多技术员都没结婚，也不会谈恋爱，如果他们的感情生活不稳定，则势必会影响工作，所以这次活动很有必要。通过这次活动，很多人留了下来。

（4）批评人时忌讳反复说

美国作家马克·吐温有一次去教堂听演讲。最初，他觉得牧师讲得很好，打算捐一大笔钱。可 10 分钟后，牧师还没讲完，他有些不耐烦了，决定少捐点。又过了 10 分钟，牧师还在喋喋不休，让他 1 分钱都不想捐了。等牧师结束冗长的演讲时，马克·吐温已经气愤难耐，不仅没捐钱，反倒从募捐盘里偷了 2 元。

这个故事给管理者四个启示：一是要开短会。一定要在 3 分钟内抓住听众的注意力，重点内容要在前 30 分钟内讲到，整个会议不超过 40 ~ 50 分钟。二是不定过高的目标，否则会引发员工抵触。三是不给员工施加长期慢性压力，否则会消磨员工的意志。管理者应给员工“拉弓式压力”，即慢慢地拉紧，待奋力一搏后再短暂休整，然后开始新一轮的蓄力。四是批评要适可而止。有的管理者会“记仇”，把员工犯过的错挂在嘴边，一有类似情况发生，就反复数落。殊不知，反复批评会使犯错人由原本的内疚不安转变为不耐烦，甚至反感厌恶。被逼急了，就会出现“我偏要这样”的反抗心理和行为。因此，批评不能超过限度，应“犯一次错，只批评一次”。即便员工真的在某一件事上一错再错，管理者也要试着换个角度和说法。

（5）善倾听，能够提高员工的忠诚度

1924—1933 年，美国哈佛大学的心理学家乔治·埃尔顿·梅奥在芝加哥郊外的霍桑工厂进行了一系列实验。9 年间，实验者不断改变工资、休息时间、午餐、环境等福利，希望能发现这些因素和生产效率的关系。但奇怪的是，福利制度完善了，但生产效率却未提高，工人们仍愤愤不平。

后来，心理学家在两年时间内与2万余名工人进行个别谈话，让他们尽情抒发意见、宣泄不满，耐心倾听他们对厂方的意见，结果，霍桑工厂的产值大大提高。

这个实验堪称管理心理学发展史上的一大转折点。过去，管理者通常把人假定为“经济人”，认为金钱是刺激积极性的唯一动力。而霍桑实验则证实，人其实是“社会人”，归属感和受尊重等高级心理需要才是调动员工积极性的关键。比如在这个案例中，心理学家的耐心聆听被员工视为对自己的肯定，并且让员工宣泄了内心的不满。因此，比起开高薪来说，管理者更需要一双能聆听员工疾苦的好耳朵和与员工分忧的好心肠。

日本“以公司为家”的企业文化值得借鉴。他们有三大管理学法宝：一是年功序列工资制，即工资随着资历（年龄、工龄和学历等）逐年稳定上涨，其中保障性的基本工资约占65%，绩效工资占25%，补贴占10%。二是终身雇用制，不仅给员工安全感，还促使员工与企业之间形成“一损俱损，一荣俱荣”的共同利益关系，增强员工的归属感。三是企业工会制，即除管理层以外的所有职工都是工会成员，工会在劳资之间起到缓冲作用，尽量满足员工的需要。

只要按照上述方法管理团队，我相信，你一定能够打造出一个成功的，充满正能量的团队。而且，一个持续的传递正能量过程，必将发挥出最大的效力。

沃尔沃善行能量带给我们的思考

网络上有两件事让我感触特别深。一个是北京救护车被堵路上导致病人离世，只有一位沃尔沃车主奋力让道，网络上正在寻找这位车主；另一个是前两天来成都公干的一位外国友人，冒着刺骨寒风跳入锦江勇救落水女。面对倒地的老人，面对被碾轧的生命，曾经有诸多冷漠的看客让我心生悲凉；许多人的公共意识缺乏让我感慨万千。其实仔细分析，冷漠的人毕竟是少数，绝大多数的人面对困难和危险，都有挺身而出的行为和勇气，并且对人的关心是不分国籍不分边界的。

两个事件都不约而同地和沃尔沃汽车挂上了边儿。从来自瑞典沃尔沃汽车的公差外援下水救人，到努力让出一条车道的沃尔沃车主，再到沃尔沃汽车公开在网络上号召大家要做“最美车主”，这个企业承载了怎样一种文化？我没有认识的人在沃尔沃公司工作，所以他们的员工对于生活、工作的态度是怎么样的我并不清楚，但是这两件事情发生后，我走在马路上会有意无意地去关注沃尔沃的车和坐在车里的人。我发现，路口停下让行人先过的车里有沃尔沃，把安全座椅装在车里的也有沃尔沃车。沃尔沃的外观很酷，很特别，尤其是尾部，在黑夜中一眼就能识别。我还去了4S店，沃尔沃的内饰简洁大方，它的每一项功能设计都从人们最方便最舒适的角度出发。虽然大街上的沃尔沃不像宝马奔驰那么多，那么刺眼，但是但凡出现的每一辆沃尔沃都能让你的眼前为之一亮，并且内心充满了对它的信任。有这样一种车，它带给你的不仅仅是安全的科技、发达的技术、倾心的外观、精致的内饰，它同样带给你的是一种以人为尊、安全低调的感受。

可能我扯得有点远了，我不过是从救落水女、让道救护车这两件小事中，去体会了一个企业的精神。这个世界上商人都是为了自己的利益，但是有融入了真情的商品更能讨得消费者们的喜爱。我也想再号召：“苟失其养，无物不消”“苟得其养，无物不长”，正因有千千万万个像沃尔沃这样的向善精神，人性的真善美才得到了更为广泛的弘扬。

以爱心为根本的正能量，需要你我共同传递。不要让冷漠的心冷漠了这个人间。

山东临工品牌营销传递出的正能量

普通人与工程机械制造厂似乎少有交集。然而，在有一年的央视中秋晚会上，电视机前的海内外观众却与工程机械制造商山东临工有了“亲

密”的邂逅。作为国内首个也是唯一一个赞助央视中秋晚会的工程机械品牌，山东临工的创新之举亦引来业内人士的密切关注。

在中国工程机械行业，从来不乏竞争者，但在经历市场的洗礼后，山东临工无疑算是一个成功的企业。1972 年，山东临工的前身——临沂矿山机器厂在沂蒙老区创建，老区人民的朴实和艰苦奋斗的精神，也造就了临工人“可靠”“进取”的企业文化基因。40 年来，作为中国第一代 4 吨装载机的创造者，山东临工人骨子里那种对产品可靠品质的追求，保证了企业的长期稳健发展，更足以让山东临工的当家人王志中在工程机械品牌间的混战中底气十足。

在产品之外，让王志中更为充满底气的是临工初显成效的品牌战略。响当当的产品固然重要，但“酒香不怕巷子深”的产品论不等同于企业常青的“摇钱树”，只有将自己的产品转化为人们对品牌的口碑，才可能使企业立于不败之地。

近两年，中国工程机械行业遭遇前所未有的考验。在销售压力增大、赢利能力大幅下降的情况下，业内企业以往惯用的粗放式营销方式显然已经过时，通过长期形成的“关系”网络进行的买卖也难以为继，而过于重视采用“回扣”的灰色攻势既背离了现代商业道德又对企业的未来造成负面影响。在市场疲软的情况下，品牌营销所传达出的“正能量”价值，对市场的拉动作用就显得尤为突出。

因此，山东临工摒弃急功近利的销售模式，实施“建国际化临工，创可信赖品牌”的品牌化战略，对处于低潮的工程机械行业有着良好的示范意义。

现代营销学奠基人之一的菲利普·科特勒说：“品牌营销是一场永不停止的赛跑。”对于有 40 年历史的山东临工而言，面向未来选择品牌化战略，无疑是正确的。只有坚持实施品牌化战略并一路走下去，才能在当下市场疲软的境况下争取到更多的订单，占领更多的市场，使企业得到更多、更好的发展机会。

山东临工的品牌化战略并未止步于国内，而是立足国内，谋定全球。

山东临工的国际化探索，很快尝到了品牌化战略的甜头。随着经济全球化的步伐，国内企业与外资企业的竞争与交融不断加剧，对此，山东临工在观念上并不保守。

2006年，山东临工与沃尔沃联姻，开启了国际化之路，向着国际知名的中国工程机械品牌目标稳步迈进。山东临工已经完成了全球布局，业务遍及俄罗斯、非洲、南美、中东、东南亚和澳大利亚等全球60多个国家和地区，2011年全年实现销售收入116亿元，实现了历史性跨越。

企业，敢于突破，才会历久弥新。说到底，山东临工在品牌战略上的创新，是提升品牌影响力的大胆尝试，而不变的是山东临工多年来一直坚守的“可靠”之心。山东临工的品牌魅力在岁月中不断积淀，在中国工程机械行业传递着一股让人为之敬佩的正能量！

远离职场负能量，打造核心竞争力

在职场上，那种因为保住了工作而欢欣庆幸，肯定会以更大的热情投入工作的想法只是一相情愿，事实上，人们要比自己想象得更脆弱，更敏感。如果你正好是裁员大潮中的幸存者，首先要恭喜你成功在裁员潮中不“湿衣”，其次你要做的是，增加一些正能量，中和一下可能导致“裁员幸存综合征”的负能量。

美国的顾朗伯格教授在研究西雅图一家企业大裁员后留下来的2000多名员工的身心状态后，发现他们普遍存在忧郁、失眠、饮食习惯改变等问题。另外，研究还发现在“裁员幸存者”中，43%的人有人际困扰，38%的人表示家庭生活变得更紧张。其他的裁员幸存者症状还包括脾气变暴躁、沟通能力变差、无法准时完成工作、专注力变差等。更惊人的现实是，光是裁员的谣言，就足以导致员工产生上述症状。

对于裁员幸存者来说，虽然被炒的“第一只靴子”已经落地，但谁也不知道“第二只”什么时候就落下来了，而这种在恐惧和疑虑中等待的日

子是最难熬的。尽管适度的紧张会促使员工更努力地工作，但长期心理紧张的害处却是毋庸置疑的。

某鞋类品牌公司销售 Roger 说：“从今年上半年裁过一次员后，再裁员的谣言就从来没有平息过。我买了房，每个月的房贷压力很大，所以特别害怕失业。那段时间，我晚上睡不着觉，一个月瘦了好几斤。后来想明白了，担惊受怕也是过，开开心心也是过，所以就自我催眠：能留下来说明公司对我还是满意的，刚刚裁了那么多，肯定不会短时间再开刀……然后就拼命找客户接单，每天累得要死，也就没时间去担心了。最近我的业绩进入了公司前列，甚至同行也来挖我，裁员不再是一件恐怖的事。”

许多单位裁员时，如果两人能力相近，往往是薪水高的被裁，薪水较低的留下，留下的人往往在前者面前感到不好意思。在摩托罗拉裁员时，一些被裁者在摩托罗拉园区前抗议时打出了“兄弟！冷漠，你就是下一个！”的横幅，使许多留下的员工产生了愧疚之情，有不少人还离开工作岗位前去声援。

某广告公司策划 Andy 说：“公司 8 月份刚裁了一批人，几个老同事也被裁了，资历最浅的我却留了下来。我开始也有点愧疚，因为有个同事对我不错，而且他还要养家糊口，比我更需要这份工作。我朋友劝我说，‘他被裁是公司出于成本的考虑，请他一个人也许可以请你两个，哪怕你走，也不能保证他可以留下来，你何必庸人自扰？如果你真的关心他，还不如帮他留心有什么工作机会，这样你们的友谊还会保持下去。’”

许多公司在员工入职时喜欢用洗脑的方式激发凝聚力，比如大谈公司未来如何美好，老板与你同心同德甚至共进退。然而裁员却无情地把公司花很大精力吹出的这个肥皂泡戳得粉碎。中毒越深的员工，往往越失望：说好的幸福呢？而留下来的员工由于目睹被裁者黯然离去，则更会感到茫然无助，甚至产生消极怠工的想法。

一位 IT 公司财务部的员工说：“我在创业前期加入公司，当时同事都像打了鸡血一样没日没夜地工作，我也认为公司的目标就是自己的。几年下来公司做大了，但是当初的老员工却因为各种原因，在上市将近的大好形势下几乎被连锅端了。虽然我不算‘元老帮’，但看着别人被裁，心里也很难过。不过我还是很快调整了自己，毕竟我当时抛下原来的工作加入这家公司的目的就是为了在经济上、事业上有所回报，不管怎么样，我要撑到公司上市，把我这么多年辛苦挣下的期权兑现了再说。”

裁员可能会给留下来的员工带来升职的希望，再加上工作量增加、工作性质可能变得比以前更重要，使得一些员工产生了自己很重要的想法。如果你的估计是错误的，那么时间一长就可能会失望。

一位化工公司制造部的员工说：“之前我一直被几个部门中层压着，裁员后他们要么被裁，要么主动请辞，中层出现了断层，我还幻想是不是该提拔我了。可半年过去了仍没什么动静，我有点急躁想跳槽。后来朋友跟我一起分析目前的形势，这才发现以往我没有关注到的现实，那就是部门裁员后规模急剧萎缩，老板肯定觉得设中层没有必要。考虑到我的领导还有半年就退休了，而我是目前资格最老的员工，一旦他退休，除非有空降兵，我应该是升职的第一顺位。所以冷静下来后，我还是推掉了另一家公司的 Offer，决定等半年再说。”

在办公室这个封闭、微妙的空间里，表面上一池静水，暗地里却总是暗流涌动。而且，其中传染最快的不是那些鼓舞人心、积极向上的信息和能量，而是那些让人消极、倦怠、心里不爽的人和事。身在其中的你，不得不时刻提防这些负面能量的传播和影响，稍不留心，自己也可能卷入负面能量的旋涡，不仅影响正常工作，伤害人际关系，严重还可能因此丢了工作。这里，向阳生涯专家团队就来和各位一起扒一扒办公室里的各种负能量。谨记，远离负能量，才能获得正能量，积极向上。

上述现象说明，现代职场存在的负能量，具有强大的杀伤力，对职场中人极为不利。如果不能做好内心的调整，会很快出局。基于此，下面我们来归总一下这些负能量，以期引起人们的警惕。

（1）抱怨，杀伤力最大且辐射面最广

办公室里的“祥林嫂”可男可女，他们总爱数落工作和生活中的种种不满，自怜自艾，最好敬而远之。工作中谁没有压力？成天抱怨咒骂，让本来安心工作的人也容易被负面情绪困扰。据专业人士了解，抱怨是办公室中最易传播，辐射又快又广，也最具杀伤力的负能量。抱怨让自己和他人陷入负面情绪中，消极怠工，积极性差，工作容易出错。老板们最反感这样的人，一个人会传染一个部门，一个部门会传染整个公司。有时，为了维稳，公司不得不裁掉这样的人。

（2）消极，最易动摇军心

“公司大概没前途了吧！”“这样下去怕是工资也发不出了吧！”等等。办公室里，总是有人这样消极怠惰，对企业发展缺乏信心，患得患失。其实这种人的内心能量比较弱，而且行动力不高，总在瞻前顾后中蹉跎了时间和机会。职业规划师认为，员工消极的心理状态对团队氛围非常不利，当大伙都在为目标奋力拼搏时，这类人会传播出各种忐忑不安扰乱军心，对于有攻坚任务的团队来说，这种人的威胁极大。

（3）浮躁，最耐不住寂寞的表现

怕左右摇摆的人，也怕急于求成的人。社会够浮躁了，每个人都急于得到一个成功，想要一夜暴富。在办公室里这种急于邀功，做事不踏实的人很容易破坏团队的协作和平衡，也容易带动其他人与他一样急行军，而少了脚踏实地的积累。不管是处于哪个发展阶段的企业，此类人肯定都不会受到青睐。

（4）冷淡，最易演变成办公室冷暴力

办公室人际关系冷淡对团队建设有很大的负面影响。表现为工作协作中有意不配合，疏远同事，甚至有意给同事设置障碍等。冷淡的问题不及时处理就会演变成办公室冷暴力，导致整个团队人际关系恶化，人心背离，缺乏战斗力，极大地影响团队绩效。据专业人士调查，在参与调查的182名职场人中，有约57%的人表示面对办公室里的冷暴力备受压力，难以负荷就会选择辞职离开，对公司来说，显然也是造成人才流失的又一重要原因。

（5）自卑，最无力无能的表现

因为担心在办公室得罪人，又担心做错事被领导批，所以做起事来总是畏畏缩缩，什么重任都不敢承担。这样的人其实也不会受欢迎，在团队协作中，大家更喜欢与自信、有担当的人合作。而对于老板来说，你的自卑在他看来很可能就是能力不足，往后必定难受重用。

（6）妒忌，最禁锢自身发展

凭什么这机会又给了他？他都主管了，还想怎么样啊？在这个只以成功论英雄的社会里，工作中的竞争常常变成了妒忌。别人的进步和优势让自己脸上无光，立马心生恨意。专家认为，竞争中必有强弱之分，但想要自己的综合竞争力变强，就要从自身修炼开始，一味地敌视别人的进步和优势，反而会让自己陷入负面情绪，对自身发展不利。

（7）攀比，盲目追求面子的魔咒

一个假爱马仕包包，也可能在办公室里引起一场明争暗斗。办公室里的女人们比包包，比名牌，男人们比车子，比手表。如果是工作中一决高下，倒有几分积极的竞争意识，但只是攀比一些物质上的东西就毫无意义了。其实这些物质上的东西从职业生涯发展的角度来看，都属于外生涯范畴，盲目的攀比只会让人忘了重视内生涯的提升和修炼，容易滋生浮躁情绪。

（8）懒惰，最易形成懒散拖沓之风

人多少会有一些惰性，但在工作中必须有效地克服这一弱点。懒惰会变成拖沓，这不仅影响个人工作业绩，还会因此影响团队的绩效。懒惰、拖延、不积极，这些会在同事之间传播，尤其是办公室老人这种懒散的态度会影响新人，一个传染一个，就造成整个工作氛围懒散低效。职业规划师说，不论是新人老人，懒惰、低效率的员工极易被组织淘汰。

（9）多疑，最易影响办公室人际和谐

“最近老板没吩咐什么任务给我，是不是我做错了什么？”“今天小李拿我开玩笑，是不是上次工作的事没配合好，所以才故意整我？”等等。同事之间，上下属之间这样缺乏信任，总怀疑对方的行为举止另有目的。职场女性因心思细腻、对感情和周围人际变化比较敏感，更容易患上疑心病。其实疑心病的根源在于工作压力，个人注意调节工作节奏，做到张弛有度，避免猜疑变成偏执妄想影响了团队的和谐和合作。

（10）麻木，最易削弱竞争力和创新力

对任何工作都难再有热情和积极性，也没了积极的冲动和想法；没了老板的赞扬，没感觉，面对同事的冷嘲热讽，还是没感觉，一副不争辩的样子。如果你是这样，那你已深陷麻木之中了，成了职场“橡皮人”。这种人被动、无动于衷的情绪和态度，会影响办公室中的人际互动，降低组织活跃度和创新度，如果大家对什么事麻木不仁，想必这个团队也很快会被竞争对手淘汰掉。

面对高压的工作、堆积如山的事务、千丝万缕的人际关系、竞争激烈的商业竞技，职场人在工作着的每一分钟里都如同在战斗。因此，要时刻注意调整自己的工作状态，远离负能量，吸收正能量。如发现自己陷在负能量里长时间拔不出来，很有必要重新检视你的职业定位，分析得失和利弊，对个人职业规划进行微调，让计划跟上发展的步伐，才能让自己游刃有余。如果是发现自己根本不喜欢这份工作，那么就很有必要重新进行职业定位，重新梳理你的核心竞争力，找到新方向后再继续前进。

掌握提升企业正能量的四大利器

从整个社会的角度来看，大大小小的企业作为各个行业中的一员，我们也不难发现，有很多企业是具有“正能量”的企业，而有些企业所做的是一种不可持续的杀鸡取卵式的短视行为。对于社会而言，后者就是具有“负能量”的企业，不仅仅其本身昙花一现，很难长久成功和持续成长，其对于整个社会和行业也会造成很大的伤害和破坏。

如今，“正能量”一词正在被大力使用。然而，一个再好的词，用得多了，看得多了，听得多了，也不免让人感到倦怠，以至于有人在网上说“好烦‘正能量’一词”，底下还有粉丝跟着评论的，也大都对“正能量”一词传递出了“负能量”，诸如人云亦云、赶时髦、太泛滥、矫情、反胃、超烦等。这不得不为“正能量”一词感到无辜，但这也正是新闻传播的另一条“规律”。很多热词，就是在这种过度消费、过度传播、过度阐释中被毁掉的。

这些年，网络可以说催生了如此多的流行词。当然，很多流行词的背后都蕴涵着一个公共事件，值得深度解读，再者，随着微博的发展，“微力量”促进了公民步入社会舞台的中心，社会媒体平台的崛起，让更多的民众参与到社会事务中来，民众的评价与期望也逐步影响了现实事件的发展。可以说，很多流行词的背后也都传递出一份“正能量”。

当然，国内也不乏很多有“正能量”的企业，这些企业是敞开自己的，他们可以让自己的企业和产品暴露在阳光下的。这些企业或者是正在进入一个不断向上，积累成功正循环的轨道；或者已经使所在的领域进入了鱼是鱼、龙是龙的清晰可鉴的阶段。这些企业是行业的脊梁和中坚，这些企业的老总值得整个行业和社会的尊敬。

一个充满正能量的职场，是员工拥有积极心态（即快乐工作状态）的重要前提。如何才能提升干部职工的积极心态，使其拥有正能量，以顺利达到最佳工作状态，营造一个充满正能量的职场呢？这里给出了提升企业正能量的四大利器：

（1）营造情绪氛围，提升个体感受

每个企业都有一定的氛围，表现为组织的情绪，作为公司来说，积极的情绪氛围有助于提高员工的工作效率。无论处理任何事情，再强硬的强制手段都远不如一个人性化的疏导和改变给力。荷兰某市充满幽默感的电动垃圾桶，悄悄治愈了市民乱抛垃圾的毛病。工作并快乐着，这是情绪管理的目标。情绪如四季般自然地进行，一旦情绪产生波动，个人就会表现出愉快、气愤、悲伤、焦虑或失望等各种不同的内在感受。假如负面情绪经常出现而且持续不断，就会对个人产生负能量，如影响身心健康、人际关系或日常生活等。情绪管理是每位职场人都要学习的课题，而情绪更是直接影响工作和生活的要素之一。

（2）优化企业文化，理顺组织情绪

如果企业文化中有一个员工愿意为之奋斗的愿景使命，这个企业就能

够激励员工超越个人情感，以高度一致的情绪去达成企业的目标愿景。

（3）开放沟通渠道，引导员工情绪

企业必须要营造良好的交流沟通渠道，让员工的情绪得到及时的交流与宣泄，如果交流沟通渠道受阻，员工的情绪得不到及时引导，就会影响到整个团队的工作。

（4）培训情绪知识，增强员工理解

情绪知识在决定人们的行为结果时可能起到调节作用。情绪知识是员工适应企业的关键因素，企业可以通过相关培训增强员工对企业管理实践的理解能力，激发员工的工作动机以适应组织的需要。

事实上，每个人的身体中都潜藏着巨大的正能量，只不过我们没有重视它，反而让负能量占了上风。负能量是迷路的正能量，我们每个人都有能力疏导自己的负能量，找回自己的正能量。

第十三章

能量与网络

如果说人类发现石油能、化学能、电磁能、核能，是人类征服自然，掌握自然的一大进步，那么可以说“互联网能量”是一种完全不同于其他物质能量的崭新能量，它可以放大与缩小，可以复制拷贝，可以交互，可以共享，可以说它是一种新的交互能量，新的广义化学反应堆，新的智能能量区。它是信息能、意识能、交互能、共享能、相对能等。它具有无限的边界，无穷的维度与张量，完全不同于热能、化学能等传统“能量”的运动形式。

互联网的能量改变了世界

20世纪60年代，美军打造了全球指挥控制系统，俗称C（U3）I系统，主要由国家军事指挥系统、美军各作战司令部及国务院、中央情报局等政府有关部门的指挥控制系统组成，在美军及舰队联网。在各军兵种全球联网基础上，克林顿政府在20世纪90年代提出了全球信息高速公路NII，进而一不小心演变出了互联网。随后，纳斯达克、美国在线、雅虎、亚马逊、谷歌、新浪、阿里巴巴、百度、腾讯、脸谱等各种互联网企业奇迹般诞生了。在短短的时间里，随着手机的普及及其与互联网的结合，人类已经进入了移动互联网时代，全球一批新兴500强企业随之诞生。

在中国，一批互联网精英成了时代的宠儿，王志东、张朝阳、丁磊、马云、方兴东、陈天桥、马化腾、李彦宏、刘强东等，成了家喻户晓的英雄。从看新闻、买卖东西，到联络感情，几乎整个中国的青年人都成了新一代网民。

传统的能量科学有爱因斯坦能量公式，$E=mc^2$，一般有重量的物体，才对应着mc^2的能量，可以说狭义互联网（除去服务器、电脑、手机硬件）是没有重量的，但是互联网上“一点就知”，让成千上万人共享信息的“能量”，让全球几十亿人交互信息的能力早已成为事实，因此，互联网可以说“无重量但有能量”，而且不是一般的能量。

互联网经济是基于互联网所产生的经济活动的总和，在当今发展阶段主要包括电子商务、即时通信、搜索引擎和网络游戏四大类型。互联网经济是信息网络化时代产生的一种崭新的经济现象。

互联网经济具有巨大能量，而且这个能量是以前从未有过的。在互联网经济时代，经济主体的生产、交换、分配、消费等经济活动，以及金融机构和政府职能部门等主体的经济行为，都越来越多地依赖信息网络，不仅要从网络上获取大量经济信息，依靠网络进行预测和决策，而且许多交易行为也直接在信息网络上进行。

互联网能量制造的焦点事件

赵红霞，一个名不见经传的普通女子，由于与重庆市关北碚区区委书记雷政富有染，其中的12秒视频引发了重庆官场大地震及核爆炸，导致了重庆11个正厅级领导下台。

无独有偶，原陕西省安全生产监督管理局局长、党组书记杨达才，在2012年8月26日延安交通事故现场，因面含微笑被人拍照上网，引发争议进而被网友指出杨达才有多块名表，从而使杨达才成了名震天下的“表叔”。特别有意思的是，杨达才在被判刑14年的宣判现场，仍面含微笑，使“杨达才微笑门”成了网络一个热门事件。此外，还有郑州、广东、陕西神木县的“房叔”“房哥”“房姐”等，可以说都是互联网界的热门事件。

有人说互联网上负面事件炒作易，正面能量放大难，正面事件炒作难，也非尽然。澳大利亚大堡礁护岛员事件，四川成都征集熊猫义务饲养员，四川汶川地震警察奶妈蒋晓娟，这些都是正向正能量事件。像澳大利亚护岛员，如果正向宣传可能要花几千万元广告费也打不出如此效果来，但互联网上轻轻松松就把事件给营销了。

任何事物的运动从能量角度看都是能量的运动，互联网能量由于其特殊的存在形式，我们在使用、驾驭互联网时更应从广义能量角度把握其信息能量的放大、传播甚或是屏蔽、预防机制，从而为我们的社会、经济生活服务。

扬正弃负，甄别互联网能量取向

由于互联网的边界是无穷的，终端亦可以是无穷的，因此互联网能量区是一种信息能、意识能、文化能、商机能、情感能、调解能、爱国能、发泄能等无数种属性能量交叠、发射、交变、反应、碰撞、聚变、分解、采集、化合、扩散、共享、转移、复制、点击、拷贝等的无穷多维交互能量反应场，每条信息带能量，每个信源每个终端可能都带矢量，因此，互联网能量场是一个前所未有的信息——意识反应场。由于信息的可以储存性，为人们共享资讯及文明、发掘商机、创造创新带来了巨大的便利，也为无数个人的成功、企业的成长，提供了机会。

以前人类社会文明的积累，都是通过纵向的文史记载、口语传播一代代进行积累，国与国，界与界的沟通是十分有限的，互联网特别是加上移动手机，一下子让全世界人可以瞬间共聚一网，不分国界，不分老小、肤色、阶级，实在是前所未有的文明大反应，能量大碰撞。随着技术的发展，商业模式的创新，互联网还将进一步出现奇迹。

另外，正由于互联网的这种能量特性，我们应该学会有机运用每一比特“信息能”，正能可以让其传播放大，有些负能就必须要有一定的预防、屏蔽甚或是清零。否则，对整个互联网网民或许是一种负能污染，对企业或个人也可能造成一定损失。